BIM 技术卓越教材
校企合作优秀教材

BIM 技术——Revit 建模基础

主 编 王 刚 陈旭洪

副主编 刘 静 胡 林

参 编（排名不分先后）

江俊福 倪茂杰 曾昭蓉 李 签

倪忻洲 谢冰莹 胡宇琦 庄 红

秦良彬 肖 飞 许述超 陈嘉豪

谢治英 黄绍华 吴雅兰 胡玉玲

西南交通大学出版社
·成 都·

内容简介

BIM（Building Information Modeling）即建筑信息模型，是以三维数字技术为基础，集成了建筑工程项目各种相关信息的工程数据模型。BIM技术是对工程项目设施实体与功能特性的数字化表达，通过将工程项目的各项基础数据进行整合，进行模型的建立，将工程项目相关信息通过BIM技术相关联，以三维模型的方式对整个工程项目进行全面的展示。Revit是实现这种技术和理念的最重要建模工具。教材主要内容为BIM概论、案例创建、模型应用、族、概念体量。本书由高校教师与国内知名BIM技术服务企业结合建筑信息技术类课程的教学及BIM技术在工程建设行业的应用经验联合编写而成，符合高等院校建筑信息技术类课程的教学需求及设计院、BIM咨询服务企业、施工单位、专业技术人员等对BIM技术的需求。本书提供教材的教学大纲、教案及讲义、案例配套视频等电子文件。

图书在版编目（ＣＩＰ）数据

BIM技术：Revit建模基础 / 王刚，陈旭洪主编. —
成都：西南交通大学出版社，2020.3（2021.12重印）
ISBN 978-7-5643-7377-1

Ⅰ. ①B… Ⅱ. ①王… ②陈… Ⅲ.①建筑设计－计算
机辅助设计－应用软件－高等学校－教材 Ⅳ.
①TU201.4

中国版本图书馆CIP数据核字（2020）第030341号

BIM Jishu——Revit Jianmo Jichu
BIM技术——Revit建模基础

主　编／王　刚　陈旭洪

责任编辑／穆　丰
封面设计／原谋书装

西南交通大学出版社出版发行
（四川省成都市二环路北一段111号西南交通大学创新大厦21楼　610031）
发行部电话：028-87600564　　　　028-87600533
网址：http://www.xnjdcbs.com
印刷：四川森林印务有限责任公司

成品尺寸　185 mm×260 mm
印张　15.25　　字数　379千
版次　2020年3月第1版　　印次　2021年12月第2次

书号　ISBN 978-7-5643-7377-1
定价　45.70元

课件咨询电话：028-81435775
图书如有印装质量问题　本社负责退换
版权所有　盗版必究　举报电话：028-87600562

前　言

随着中华人民共和国住房和城乡建设部以及一些省市相关部门不断发布BIM技术鼓励政策，当前应用 BIM 技术的工程项目越来越多，高校及企业也在开展 BIM 技术教学及应用。BIM（Building Information Modeling）即建筑信息模型，是以三维数字技术为基础，集成建设工程项目各种相关信息的工程数据模型。BIM 技术是对工程项目设施实体与功能特性的数字化表达，通过将工程项目的各项基础数据进行整合，建立模型，并将工程项目相关信息通过 BIM 技术相关联，以三维模型的方式对整个工程项目进行全面的展示。Revit 是实现这种技术和理念的最重要建模工具。

Revit 建模功能强大，用其建立的模型具有高精度、高适用度、高成果展示度等优点，并能与其他软件进行良好的配合工作，贯穿项目的全寿命周期。我们需要认识到 Revit 建模与 BIM 技术有着本质的区别。BIM 技术是创建和利用项目数据在其全生命周期内进行设计、施工和运营的业务过程，允许项目相关方通过数据互用，尤其是集成及分享信息，减少传统模式下因设计表达、消息传递、专业不互通等方面因素导致的图纸错漏碰缺，提升项目的智能管理和质量、进度、投资控制水平。

本书内容包含 BIM 技术概述、实例创建、模型应用、族、概念体量等，由攀枝花学院与四川柏慕联创建筑科技有限公司以最新版 Revit 软件为建模工具联合编写而成，编写过程结合了课程教学及工程实践应用。本书适合作为高等院校 BIM 概论、建筑信息技术、BIM 技术应用等相关课程的教材使用，也可作为 BIM 技术培训机构培训用书或自学者参考阅读，对参加全国 BIM 技能等级考试或者相关资格认证也有很高的参考价值。

本书由攀枝花学院土木与建筑工程学院王刚、四川柏慕联创建筑科技有限公司陈旭洪担任主编，王刚老师负责撰写第 6 章至第 11 章以及其他章节的部分内容，共 20 余万字，其余部分由陈旭洪及副主编、参编共同编写。本书提供配套电子版图纸、教学大纲、授课课件、电子教案、章节思维导图、建模视频等电子文件，联系邮箱：pzhwg@163.com。由于作者水平有限，书中难免有疏漏与不足之处，敬请广大读者谅解并指正。

编　者

2020 年 3 月

目 录

第1章 BIM 技术概述

1.1 BIM 技术概念

BIM（Building Information Modeling，建筑信息模型）是 21 世纪初提出的概念，是以计算机三维数字技术为基础，集成了各种相关信息的工程数据模型，可为设计、施工和运营提供协调的、内部保持一致的并可进行运算的信息模型。

BIM 还可表述为是以三维数字技术为基础，集成了建筑工程项目各种相关信息的工程数据模型，是对工程项目设施实体与功能特性的数字化表达。

最早关于 BIM 概念的名词是"建筑描述系统"（Building Description System），由 Chuck Eastman 于 1975 年提出。BIM 这个概念首次由 G.A.VAnNederveen 和 F.P.Tolman 在 1992 年提出，2002 年美国 Autodesk 公司在发布的白皮书中赋予了 BIM "协同设计"等特征，BIM 技术也由此开始在建筑行业被广泛应用。值得一提的是，类似于 BIM 的理念也在制造业被提出，并在 20 世纪 90 年代实现应用，推动了制造业的进步和生产力提高，塑造了制造业强大的生命力。

如今，BIM 技术是工程建设行业中最炙手可热的技术之一，正以破竹之势在工程建设行业各领域引起一场信息化数字革命。BIM 技术允许通过三维建模的方式进行工程项目的展示与沟通，同时可以在模型中整合出工程过程中需要的相关信息，由此实现项目参与各方共享信息，减少过去因信息交流不及时、信息传递有误造成的损失，从而提高项目的生产效率，改进建设工程的质量，缩短工期，降低建设成本。

一般认为，BIM 技术的定义为以下 4 个方面：

（1）BIM 是建筑设施物理特性和功能特性的数字化表达，是工程项目设施实体和功能特性的完整描述。它基于三维几何数据模型，集成了建筑设施功能要求、性能要求与相关物理信息等参数化信息，并通过开放式标准实现信息的互用。

（2）BIM 是共享的知识资源，实现了建筑全生命周期的信息共享。基于这个共享的数字模型，工程的规划、设计、施工、运营维护（运维）等各个阶段的参与人员都能从中获取所需的数据。这些数据是连续、即时、可靠、一致的，为该工程从概念到拆除的全生命周期中所有工作和决策提供可靠依据。

（3）BIM 是应用于设计、建造、运营的数字化管理方法和协同工作过程的方法。这种方法支持建筑工程的集成管理环境，可以使工程在其整个进程中的效率显著提高和风险大幅降低。

（4）BIM 是一种信息化技术，它的应用需要信息化软件支撑。在项目的不同阶段，不同利益相关方通过 BIM 软件在 BM 模型中提取、应用、更新相关信息并将修改后的信息赋予 BIM 模型，支撑和反映各自职责的协同作业，以提高设计、建造和运行的效率与水平。

1.2 BIM 核心理念

BIM 是设施物理特性和功能特征的数字化表达，是该项目相关方的共享知识资源，为项目全生命周期内的所有决策提供可靠的信息支持。

BIM 是创建和利用项目数据在其全生命周期内进行设计、施工和运营的业务过程，允许所有项目相关方通过数据互用使不同技术平台在同一时间利用相同的信息。

BIM 是利用数字原型信息支持项目全生命周期信息共享的业务流程组织和控制过程。建筑信息管理的效益包括集中和可视化沟通、更早进行多方案比较、可持续分析、高效设计、多专业集成、施工现场控制和竣工资料记录等。

综上所述，BIM 的核心理念主要概括为以下 3 点：

（1）BIM 模型的完整性。用于表述工程对象的信息除了几何信息、拓扑信息之外，还有完整的属性信息，如物理参数、材料性质、受力分析等设计信息，资源、成本、进度、质量等施工信息，监测、调度等运行信息。

（2）BIM 模型的关联性。一方面，BIM 模型中的非几何信息与几何对象信息相关联，并能被系统识别和处理；另一方面，模型对象之间相关联，若对象信息发生变化，与之相关联的所有链接都会变化，保证了模型的统一性。

（3）BIM 模型的一致性。模型信息在任何阶段的任何应用的对象实体中是唯一的，可以修改，但不能重复，避免了重复录入和致错的可能，这也是信息共享和传递的基础。完整性、关联性和一致性为 BIM 模型支持全生命周期的信息集成和共享奠定了必备的基础。因此，BIM 是帮助一个项目进行创建、储存和共享的机制。

信息技术在建筑行业应用可以追溯到 BIM 技术之前，具体体现在已经被广泛应用的 CAD（计算机辅助设计）。

通过智能建筑信息，设计人员从手工制图转变为 CAD 电子制图。这种在绘图板上的转变，即在计算机软件中创建二维数据模型，被称为建筑领域的第一次革命。之后随着 CAD 技术的发展，建筑设计产生了从二维平面模型过渡到了三维模型的发展趋势。其实 2014 版的 AutoCAD 已经能够完全绘制三维模型，并能实现可视化显示漫游及其他功能。但其还是基于软件底层的二维数据设计，未能完全符合 BIM 理念的要求。再进一步，随着信息技术的发展，特别是大数据和云技术的出现，使得 BIM 技术可以集成建设项目的所有数据来实现项目生命周期全过程管理。引领了第二次建筑领域工业化革命。

BIM 并不仅仅是一项技术，更是建设全过程、建筑全生命周期项目管理的工具。在过去的十年里，BIM 研究一直是多样化的，更多的新兴技术已经被集成到 BIM 中，包括各方面、各学科和各系统设施集成在一个模型中，使所有项目参与者（业主、建筑师、工程师、承包商、分包商和供应商）比在传统的模式能更准确、高效地合作。因此，在工程项目应用 BIM 带来了一系列好处，例如明显的项目成本和时间控制，减少了错误和遗漏，减少了重复工作，减少了现场返工，提高了沟通、协调、管理、运作效率。

1.3 BIM 基本特性

BIM 是以建筑工程项目的各项相关信息数据为基础而建立的建筑模型。通过数字信息仿真模拟建筑物所具有的真实信息。BIM是以从设计、施工到运营协调包含的项目信息为基础而构建的集成流程，它具有可视化、协调性、模拟性、优化性和可出图性五大特性。

1. 可视化

可视化，即"所见即所得"，对于建筑行业来说，可视化运用在建筑业的作用非常大。例如，目前拿到的施工图纸只是各个构件的信息，在图纸上以线条绘制表达，但是真正的构造形式就需要工作人员自行想象。如果建筑结构简单，自然没有太大的问题，但是随着近几年形式各异、复杂的设计越来越多，光靠想象就不太实际了。所以BIM提供了可视化的思路，将以往的线条式的构件转变为一种三维的立体实物图形展示在人们的面前。

以前，建筑行业也会制作设计方面的效果图，但是这种效果图是分包给专业的效果图制作团队，根据对线条式信息识读设计制作出来的，并不是通过构件的信息自动生成，因此缺少了同构件之间的互动性和反馈性。而BIM中提到的可视化，则是一种能够同构件之间形成互动性和反馈性的可视化。在BIM建筑信息模型中，由于整个过程都是可视的，所以可以用于效果图的展示和报表的生成。更重要的是通过建筑可视化，可以在项目的设计、建造和运营过程中进行沟通、讨论和决策。

2. 协调性

协调性是建筑业中的重点内容，无论是施工单位、设计单位还是业主，都在做着相互协调、相互配合的工作。一旦在项目的实施过程中遇到了问题，就需要各相关人员组织起来进行协调会议，找出施工过程中问题发生的原因及解决办法，然后做出相应的变更、补救措施等来解决问题。在设计时，由于各专业设计师之间的沟通不到位，往往会出现各种各样的碰撞问题。例如，在对暖通（供热、供燃气、通风及空调工程）等专业中的管道进行布置时，可能遇到构件阻碍管线的问题。这种问题是施工中常遇到的碰撞问题，而BIM的协调性服务，可以帮助处理这种问题，也就是说BIM建筑信息模型可在建筑物建造前期，对各专业的碰撞问题进行协调，生成并提供出协调数据。当然，BIM的协调作用也不止应用于解决各专业间的碰撞问题，它还可以解决电梯井布置与其他设计布置及净空要求的协调、防火分区与其他设计布置的协调，以及地下排水布置与其他设计布置的协调等问题。

3. 模拟性

BIM的模拟性并不是只能模拟、设计出建筑物的模型，还可以模拟难以在真实世界中进行操作的事件。在设计阶段，BIM可以对设计上需要进行模拟的一些事件进行模拟实验，例如，节能模拟、紧急疏散模拟、日照模拟和热能传导模拟等。在招投标和施工阶段可以进行4D模拟（3D模型加项目的发展时间），也就是根据施工的组织设计模拟实际施工，从而确定合理的施工方案。同时还可以进行5D模拟（基于3D模型的造价控制），从而实现成本控制的要求。在后期运营阶段，还可以进行日常紧急情况处理方式的模拟，如地震人员逃生模拟和消防人员疏散模拟等。

4. 优化性

事实上，整个设计、施工和运营的过程就是一个不断优化的过程，在BIM的基础上，可以更好地进行优化。优化通常受信息、复杂程度和时间的制约，准确的信息影响优化的最终结果，BIM 模型提供了建筑物的实际存在的信息，包括几何信息、物理信息以及规则信息。对于高度复杂的项目，参与人员由于本身的原因，往往无法掌握所有的信息，因此需要借助一定的科学技术和设备的帮助。现代建筑物的复杂程度大多超过参与人员本身的能力极限，BIM 及与其配套的各种优化工具提供了对复杂项目进行优化的服务。

5. 可出图性

使用 BIM 绘制的图纸，不同于建筑设计院所设计的图纸或者一些构件加工的图纸，它是通过对建筑物进行可视化展示、协调、模拟和优化以后，绘制出的综合管线图（经过碰撞检查和设计修改，消除了相应错误）、综合结构留洞图（预埋套管图）以及碰撞检查报告和建议改进方案。

1.4 BIM 核心建模软件

常用的 BIM 建模软件、结构分析软件、可视化软件和应用软件如表 1-1 所示。

表 1-1 常用 BIM 建模、结构分析、可视化和应用软件

软件工具			设计阶段		
公司	软件	专业功能	方案设计	初步设计	施工图设计
Trimble	SketchUp	造型	●	●	
Autodesk	Revit	建筑 结构 机电	●	●	
	Showcase	可视化	●	●	●
	Navisworks	协调管理	●	●	
	Civil3D	地形 场地 路基		●	●
Graphisoft	ArchiCAD	建筑	●	●	●
Progman Oy	MagiCAD	机电		●	●
Bentley	AECOsim Building Designer	建筑 结构 机电	●	●	●
	ProSteel	钢结构			●
	Navigator	协调管理		●	●
Trimble	TeklaStructure	钢结构		●	●
Dassault System	CATIA	建筑 结构 设计	●	●	●
建研科技	PKPM	结构	●	●	●
盈建科	YJK	结构	●	●	●
鸿业	HYMEP for Revit	机电		●	●

常用的 BIM 运营软件、模型综合碰撞检查软件、计算软件、分析软件如表 1-2 所示。

表 1-2　常用的 BIM 运营、综合碰撞检查、计算、分析软件

软件工具			设计阶段		
公司	软件	专业功能	方案设计	初步设计	施工图设计
Autodesk	Ecotect Analysis	性能	●	●	
	Robot Structural Analysis	结构	●	●	●
CSI	ETABS	结构	●	●	
	SAP2000	结构			●
MIDAS IT	MIDAS	结构	●	●	●
Bentley	AECOsim Energy simulator	能耗	●	●	●
	Hevacomp	水力 风力 光学	●	●	●
	STAAD.Pro	结构	●	●	●
Dassault System	Abaqus	结构 风力	●	●	●
ANSYS	Fluent	风力	●	●	●
Mentor Graphics	FlOVENT	风力	●	●	●
Brüel & Kjær	Odeon	声学	●	●	●
AFMG	EASE	声学	●	●	●
LBNL	Radiance	光学	●	●	●
IES	ApacheLoads	冷热负载	●	●	●
	ApacheHAVC	暖通	●	●	●
	ApacheSim	能耗	●	●	●
	SunCast	日照	●	●	●
	RadianceIES	照明	●	●	●
	MacroFlo	通风	●	●	●
建研科技	PKPM	结构	●	●	●
盈建科	YJK	结构	●	●	●
鸿业	HYMEP for Revit	机电	●	●	●
Bentley	AECOsim Building Designer	建筑 结构 机电	●	●	●
	ProSteel	钢结构			●
	Navigator	协调 管理	●	●	●
	ConstructSim	建造	●	●	

注：表中"●"为主要或直接应用，其余为次要应用或需要定制、二次开发。

目前，BIM 按软件厂商主要分为四大类：（1）Autodesk 公司开发的 Revit 软件。由于之前该公司开发的 AutoCAD 软件在我国工程领域的应用范围较广，所以 Revit 在国内市场上占有很大份额，已成为当下从业人员使用最多的核心建模软件。（2）Bentley 公司开发的建筑、结构和设备相关软件。其产品针对工业设计和基础设施领域做了大量开发，具有独到之处。但由于使用习惯、推广力度以及软件价格等因素影响，该系列软件在国内应用不多。（3）Nemetschek 收购 Graphisoft 公司并拓展旗下的 ArchiCAD、AllPLAN 和 VectorWorks。其中，ArchiCAD 为国内建筑师所熟悉，具有一定市场影响力，但其仅限于建筑学专业，与国内设计院体制严重不匹配，其市场主要在欧美，在国内易出现"水土不服"情况。（4）Dassault 公司的 CATIA 软件在机械制造领域一家独大。其建模能力、处理异形构件计算能力强，已实现机械制造的工业化信息化。但由于其操作界面冗杂、图形化低、操作管理程式化再加上其跨专业性质，所以应用率较低。

Autodesk 提供了专业的 BIM 系统平台及完整的、具有针对性的解决方案。欧特克整体 BIM 解决方案覆盖了工程建设行业的众多应用领域，涉及建筑、结构、水暖电、土木工程、地理信息、流程工厂、机械制造等主要专业，如图 1-1 所示。

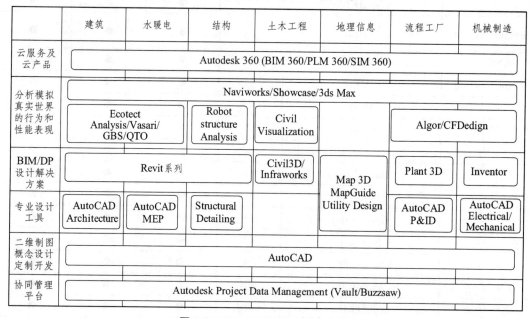

图 1-1　Autodesk BIM 解决方案

Autodesk BIM 解决方案能大幅提升工作效率，有效降低项目风险，以改善用户的规划、设计、建设和项目管理的方式。

1.5　BIM 国内外应用现状

1.5.1　国外应用现状

建筑信息模型从提出到逐步完善，再到被工程建设行业普遍接受，经历了几十年的历程。BIM 技术最先从美国发展起来，之后扩展到欧洲、日本、韩国、新加坡等国家与地区。目前，BIM 在美国逐渐发展成为主流，并对包括中国在内的其他国家和地区的 BIM 实践产生影响。

美国是较早启动建筑业信息化研究的国家，BIM 的研究与应用都走在世界前列。根据 McGraw Hill 的调研，2012 年，美国的工程建设行业 BIM 使用比例相较于 2007 年的 28%增长了 43 个百分点，达到 71%，其中 74%的承包商、70%的建造师、67%的机电工程师在实施项目时运用了 BIM 相关技术。2007 年 12 月，美国国家 BIM 标准项目委员会（the National Building Information Model Standard Project Committee - United States，NBIMS-US）发布了美国国家 BIM 标准 *National Building Information Model Standard* 第一版，2012 年 5 月发布了第二版，2015 年 7 月发布了第三版。2016 年至今，随着物联网、大数据、人工智能、云计算、虚拟现实等技术的成熟与应用，美国政府、各建筑行业协会及 BIM 软件商都在致力于建立更智能化、自动化的 BIM 设计体系及工作方式。

BIM 在英国的应用现状。2011 年 5 月，英国内阁办公室发布了《政府建设战略》文件，明确提出 2016 年全面推进 BIM 技术应用，并要求全部工程文件实现信息化管理。为了实现这一目标，英国建筑业 BIM 标准委员会于 2009 年 11 月发布了英国建筑业 BIM 标准，于 2011 年 6 月发布了适用于 Revit 软件的英国建筑业 BIM 标准，于 2011 年 9 月发布了适用于 Bentley 系列软件的英国建筑业 BIM 标准。

从 2011 年至今，英国国家统计局（National Bureau of Statistic）每年均会发布《全国 BIM 报告》，报告显示英国 BIM 技术应用以平均每年 60%的速度持续增长。英国的大中型公司大多数已应用 BIM 技术，小公司应用 BIM 技术的占比也已经接近一半（2017 年数据）。同时英国政府于 2017 年初发布了 BIM Level 2 的强制标准，对模型数据交换给出了强制定义。

新加坡管理署（Building and Construction Authority, BCA）在 2011 年就与政府部门合作，共同确立了 BIM 示范项目，从 2013 年起强制要求提交 BIM 建筑模型，2014 年起强制要求提交 BIM 结构与机电模型，在 2015 年实现所有建筑面积大于 5 000 m² 的工程项目都必须提交 BIM 模型。

韩国公共采购服务中心（PPS）于 2010 年 4 月提出 BIM 实施路线图。2010 年 12 月，PPS 发布了《设施管理 BIM 应用指南》，针对初步设计、施工图设计、施工等阶段中的 BIM 应用进行指导。2010 年 1 月，韩国国土交通海洋部发布了《建筑领域 BIM 应用指南》，土木领域的 BIM 应用指南也已立项。

在挪威、丹麦、瑞典和芬兰等北欧国家，已经孕育 Tekla、Solibri 等主要的建筑业信息技术软件厂商。在日本，建筑信息技术软件产业成立国家级国产解决方案软件联盟。与一般推行方式不同的是，BIM 技术应用在北欧国家并没有由国家主导和强制执行，而是由企业自主发起的。特别是装配式预制构件，在北欧这样的严寒气候条件下有非常好的适应性，这也是当今建筑业发展的方向，其标准化和参数化的特性，是与 BIM 技术结合紧密的一种方式。

1.5.2 国内应用现状

随着改革开放，中国在经济建设上取得巨大成就，已经成为世界上最大的建筑市场之一。预计到 2020 年，中国城镇化率将达到 55%，而据测算到 2052 年将超过 76%。巨大的建设量也带来海量相关的冗余信息，构建过程中的有效的信息交换和协作变得困难。因此，智能信息的构建是建筑业的发展趋势，也是 BIM 发展的动力。

现阶段设计企业对 BIM 的应用大致体现在设计的全过程，包括：效果表现、碰撞检查、出施工图、出深化设计图、进行能耗分析、工程量统计。施工企业对 BIM 的应用主要体现在三方面：① 进行碰撞检查，以减少返工；② 开展模拟施工，以检验协同；③ 使用三维渲染，达到宣传展示的目的，给业主更为直观的宣传介绍，在投标阶段可以提升中标概率。

同时，BIM 的发展也得到了政府的大力推动。BIM 首次引入中国是在 2002 年，由 Autodesk 公司引进。国家"十一五""十二五"规划就已部署 BIM 的探究，"十三五"规划更是明确指出将发挥 BIM 在建设工程的各项作用，促进我国经济社会发展。2011 年 5 月 10 日，中华人民共和国住房和城乡建设部（以下简称"住建部"）下发《2011-2015 年建筑业信息化发展纲要》。纲要中第一次直接提到了 BIM 技术，其总体发展目标是在"十二五"期间，基本实现建筑企业信息系统的普及应用，加快建筑信息模型（BIM）、基于网络的协同工作等新技术在工程中的应用。推动信息化标准建设，促进具有自主知识产权软件的产业化，形成一批信息技术应用达到国际先进水平的建筑企业。纲要还就工程总承包类，勘察设计类，施工类等企业的信息化建设具体目标及发展重点，进行了具体的阐述，同时也为设计阶段、施工阶段的 BIM 应用指明了方向。

2015 年 6 月 16 日，住建部下发《关于推进建筑信息模型应用的指导意见》。该意见非常细致地指出了涉及建筑业的单位应用 BIM 的探索方向，阐述了 BIM 的应用意义、基本原则、发展目标以及发展重点。该意见中提到的发展目标为到 2020 年末，建筑行业甲级勘察设计单位，以及特级、一级建筑施工企业应实现 BIM 技术、企业管理系统和其他信息技术的一体化集成应用。到 2020 年末，以国有资金投资为主的大中型建筑，申报绿色建筑的公共建筑，绿色生态示范小区等，这些项目的勘察设计、施工、运营维护中，应用 BIM 的项目率要达到 90%。

2016 年 8 月 23 日，住建部下发《2016—2020 年建筑业信息化发展纲要》。该纲要更加细化和拓展了 BIM 的应用要求，前后一共 28 次提到了 BIM 一词，特别强调了 BIM 与大数据、智能化、移动通信、云计算、物联网等信息技术的集成应用能力。2017 年 3 月，BIM 国家标准《建筑工程设计信息模型交付标准》通过审查。该交付标准是属于第一批立项的有关 BIM 的国家标准，于 2012 年开始正式编制。由中国建筑标准设计研究院担任主编单位，其他来自国内有巨大影响力的 47 家业主单位、设计单位、施工总承包单位、科研院所和软件企业共同参与。上述政策表明政府对 BIM 发展的高度重视。

近年来，BIM 在中国发展迅猛，BIM 技术在中国发展的过程只用了很短的时间。中国的 BIM 技术已经历了 4 个阶段：2009 年之前处于探索阶段，主要做一些前瞻性研究；2009—2010 年为相对完善的理论研究阶段；2010—2013 年属于 BIM 应用阶段，它已经能够实现基本功能，例如 BIM 建模、集成建模管道、光能分析等；2013 年以后，BIM 进入深度应用，通过规划、设计，实现建筑工程的整个生命周期管理。

最初，BIM 技术只在中国建筑业一些具有里程碑意义的项目中使用。比如深圳国际金融中心，上海中心建筑工程（见图 1-2），上海世博会一部分场馆等。后来，随着 BIM 技术的发展，BIM 技术在中国建筑工业的各个方面都得到了广泛的运用，特别是在大型的复杂建筑中。例如广州东方大厦，北京"中国尊"（见图 1-3）等。

图 1-2　上海中心大厦

图 1-3　"中国尊"大厦

对于 BIM 技术的研究主要集中在各大高校，如清华大学针对 BIM 标准的研究，上海交通大学 BIM 研究中心对于 BIM 在协同方面的研究等。随着各行业对 BIM 的重视，大学对 BIM 人才培养的需求渐起。2012 年 4 月 27 日，首个 BIM 工程硕士班在华中科技大学开课，共有 25 名学生。随后广州大学、武汉大大学也相继开设了专门的 BIM 工程硕士班。2016 年 7 月 30 日，"长三角 BIM 应用研究会"在上海成立。

在业界，前期主要是设计单位、施工单位、咨询单位等对 BIM 进行的探索尝试。最近几年，业主对 BIM 的认知度也在不断提升，SOHO 中国已将 BIM 作为未来三大核心竞争力之一，万达、龙湖等大型地产商也在积极探索应用 BIM，上海中心、上海迪士尼等大型项目要求在项目全生命周期中使用 BIM。BIM 已经成为企业参与项目的门槛。其他项目中也逐渐将 BIM 写入招标文件及合同，或者将 BIM 作为技术标准的重要评审内容。目前来说，大中型设计企业基本上拥有了专门的 BIM 团队，有一定的 BIM 实施经验。施工企业的 BIM 应用略晚于设计设计企业，不过不少大型施工企业也开始了对 BIM 的实施与探索，已经有了一些成功案例。目前运维阶段的 BIM 应用还处于探索研究阶段。附录部分列出了我国部分省市出台的有关 BIM 应用的政策。

1.6　BIM 发展趋势和应用前景

BIM 的应用将对建设行业带来革命性的影响。BIM 技术的深入应用和研究，将会进一步细化建筑行业的分工，实现三维环境下的协同设计、协同管理和协同运维。空间模型将与环境资源信息深入整合并形成完整的建筑信息模型。相信在不远的将来，我们将通过高水平的虚拟现实技术，以统一的模型实现全生命周期管理。未来 BIM 技术结合先进的通信技术和计算机技术后，预计将有以下几种发展趋势：

（1）移动终端的应用。随着互联网和移动智能终端的普及，人们已经可以在任意地点和时间获取信息。而在建筑领域，大量承包商将为自己的工作人员配备这些移动设备与应用软件，使设计人员在工作现场就可以进行设计修改。

（2）无线传感器网络的普及。工作人员可以把监控器和传感器放置在建筑物的任何一个地方，对建筑物内的温度、空气质量、湿度等进行监测，再加上供热信息、通风信息、供水信息和其他控制信息，并将这些信息通过无线传感器网络汇总之后提供给工程师，工程师就可以对建筑物的现状有一个全面充分的了解，从而为设计方案和施工方案提供有效的决策依据。

（3）云计算技术的应用。不管是能耗，还是结构分析，针对一些信息的处理和分析都需要利用云的强大计算能力，甚至实现渲染和分析过程的实时计算，帮助设计师快速地在不同的设计和解决方案之间进行比较。

（4）数字化实景建模。通过激光扫描设备，可以对桥梁、道路、铁路等进行三维扫描，以获得原始的数据。然后工程师再以沉浸式、交互式的三维方式进行工作，直观地展示实景的数字化成果。

（5）数字化移交。利用数字化平台建立项目管理系统，通过输入三维数字化模型，按工程部位、专业将工程模型、设备属性信息、工程资料等内容集成，并根据运管部门在设计、施工、运维等环节的管理需求，通过物联网及 BIM 平台创建数据库、服务器等搭建数字化交付平台。平台满足 PC（个人计算机）端、移动端等多种形式的访问需求，具备施工进度管控、成本管控、固定资产管理、事故应急响应管理、设备数据采集分析等功能，从而节约工程建设成本，降低管理成本，提高管理水平，实现工程数字化交付。

作为实体的建筑信息模型是存储了项目集成化信息的数据库，并以数据库为核心实现多种不同维度的应用。同时，这样的一个或多个包含了建设工程全生命周期数字化信息的模型实体，也为建设项目的各阶段提供了信息支撑。

习题

1. BIM 技术可以被广泛应用于以下哪些项目阶段？（　　）
   A. 方案设计、施工图设计
   B. 方案设计、性能分析
   C. 设计、施工
   D. 策划、设计、施工、运维

2. 基于 BIM 的结构设计在设计流程上不同于传统的结构设计，弱化了传统设计流程中的设计准备环节，产生了基于（　　）的综合协调环节，增加了新的二维视图生成环节。
   A. 数据
   B. 信息
   C. 模型
   D. 平台

3. 下列对 BIM 的含义理解不正确的是（　　）。
   A. BIM 是以三维数字技术为基础，集成了建筑工程项目各种相关信息的工程数据模型，是对工程项目设施实体与功能特性的数字化表达

B. BIM 是一个完善的信息模型，能够连接建筑项目生命期不同阶段的数据、过程和资源，是对工程对象的完整描述，提供可自动计算、查询、组合拆分的实时工程数据，可被建设项目各参与方普遍使用

C. BIM 具有单一工程数据源，可解决分布式、异构工程数据之间的一致性和全局共享问题，支持建设项目生命期中动态的工程信息创建、管理和共享，是项目实时的共享数据平台

D. BIM 技术是一种仅限于三维的模型信息集成技术，可以使各参与方在项目从概念产生到完全拆除的整个生命周期内都能够在模型中操作信息和在信息中操作模型

第 2 章 某新村住宅项目案例创建

2.1 项目概况

本书以某砖混结构三层新村住宅为例，以 Revit 2018 软件为核心建模软件，按通用性建模规则讲解模型创建流程与注意事项。

2.2 建模标准

2.2.1 项目楼层命名标准

地上层编码应以字母 F 开头加 2 位数字表达，地下层编码应以字母 B 开头加 2 位数字表达，屋顶编码应以 RF 表达，夹层编码表示方法为"楼层编码+M"。

（1）建筑标高命名，如表 2-1 所示。

表 2-1 项目楼层建筑标高命名

楼　层	编　码
地上一层	F01_标高
地上一层夹层	F01M_标高
地上二层	F02_标高
地下一层	B01_标高
地下二层	B02_标高
屋顶	RF_标高
机房	F_机房层
电梯屋顶层	F 电梯屋顶层_标高

（2）结构标高命名：在相应建筑楼层命名后面加（S），如表 2-2 所示。

表 2-2 项目楼层结构标高命名

楼　层	编　码
地上一层	F01（S）_标高
地上一层夹层	F01M（S）_标高

楼 层	编 码
地上二层	F02（S）_标高
地下一层	B01（S）_标高
地下二层	B02（S）_标高
屋顶	RF（S）_标高
结构基础	B 基础_标高

2.2.2 构件及材质命名标准

总体原则：构件（族类型）、材质命名均遵循图纸。
构件命名具体要求：

1. 结构柱

KZ6-400x200 或 YBZ9-L 形（遵循图纸标注）。

2. 结构墙

标注-厚度（整合模型时修改为：标注-厚度-材质）。
如：Q-200（Q-200-C30）（遵循图纸标注，无标注为 Q）。

3. 结构梁

KL7（1）-200x450（遵循图纸标注）。

4. 结构板

（标注-）厚度 [整合模型时修改为：（标注-）厚度-材质]。
如：LB-200 [LB-200-C30]（遵循图纸标注，无标注为 LB）。

5. 建筑墙

NQ/WQ/WZ/NQM-材质（做法）-厚度。
如：NQ-页岩实心砖-200，WQ-外 1-200。
"类型注释"备注：NQ/WQ/WZ/NQM（内墙/外墙/外装/内墙面）。

6. 建筑板

DP/LM/WM/DM-材质（做法）-厚度。
如：LM-水泥砂浆楼面-50，DP-顶 1-50。
"类型注释"备注：DP/LM/WM/DM（顶棚/楼面/屋面/地面）。

7. 建筑门、窗类型命名

需基于图纸，按图集命名。

如：C1821、DTM1221等。

门、窗族命名应该具有通性，如3x3型窗，门联窗等。

"类型注释"备注：普通门等（门窗表类型）。

"型号"备注：防盗门、乙级防火防盗门、甲级防火门等（门窗表备注见表2-3）。

表 2-3　门窗表备注

类型	设计编号	洞口尺寸/mm	数量	备注
普通门	FDM1021	1 000×2 100	66	防盗门
	FDM 乙 1021	1 200×2 100	66	乙级防火防盗门
	FM 甲 1221	1 200×2 100	2	级防火门
	FM 丙 0818	800×1 800	47	丙级防火门
	FM 乙 1121	1 100×2 100	46	乙级防火门
	FM 乙 1221	1 200×2 100	2	
	FM 乙 1521	1 500×2 100	62	
	M0721	700×2 100	132	门
	M0921	900×2 100	139	
	M1021	1 000×2 100	1	
	M1121	1 100×2 100	2	
	M1221	1 200×2 100	2	
	M1521	1 500×2 100	3	
	TLM0821	800×2 100	88	塑钢推拉门
	TLM2420	2 400×2 050	3	

注：门窗表包含了门窗的类型、设计编号、尺寸、数量及备注等。

8. 电梯门

电梯门命名：电梯编号-门洞尺寸。

9. 大　样

竖向构件，墙绘制（dy-厚度）。水平构件，板绘制（dy-厚度）。整合模型时修改为：dy-厚度-材质，如：dy-100（dy-100-C30）。

"类型注释"备注：大样。

注：高度>300 mm定义为竖向构件。

10. 楼梯命名

如：整体浇筑楼梯-1#-TD110-PT100；整体浇筑楼梯-裙楼 5#-TD110-PT100。

11. 栏　杆

栏杆编号（或功能分区）-高度，如飘窗护窗栏杆-900；栏杆 1-1100。

2.2.3　现出材质命名具体要求

（1）常规材质：C30，页岩实心砖，水泥砂浆等。

（2）特殊构件可以加字段，以方便材质提取（视项目情况确定）。

2.3　模型基准创建

标高用来定义楼层层高及生成平面视图，轴网用于为构件定位，在 Revit 中轴网确定了一个不可见的工作平面。轴网编号以及标高符号样式均可定制修改。在本节中，需重点掌握轴网和标高的绘制以及如何生成对应标高的平面视图等功能应用。

2.3.1　新建项目

启动 Revit，单击"文件"→"新建"→"项目"，如图 2-1 所示。

图 2-1　新建项目界面

在弹出如图 2-2 所示的新建项目对话框中，单击"浏览"，然后检索"某新村住宅项目-样板.rte"，新建项目，并保存为"某新村住宅"，如图 2-3 所示。

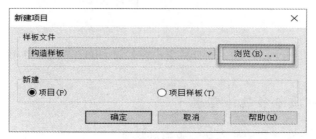

图 2-2　新建项目对话框界面

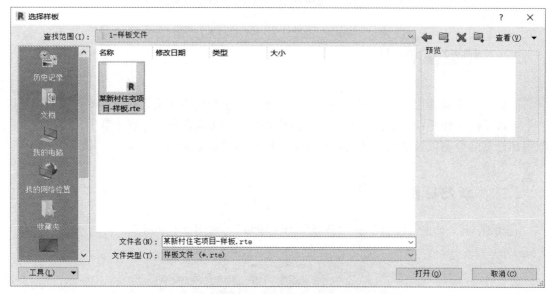

图 2-3　项目保存界面

2.3.2　绘制标高

在 Revit 中，"标高"命令必须在立面和剖面视图中才能使用，因此在正式开始模型创建时，必须先打开一个立面视图。

（1）在项目浏览器中展开"立面（建筑立面）"项，双击视图名称"南"进入南立面视图。

（2）调整"F02（S）"标高，将第二层的结构高度修改为 3.57 m（高差为 3570 mm），如图 2-4 所示。

图 2-4　标高绘制图

（3）单击"建筑"选项卡下"标高"命令，参照剖面图结构标高，绘制如图2-5所示标高。

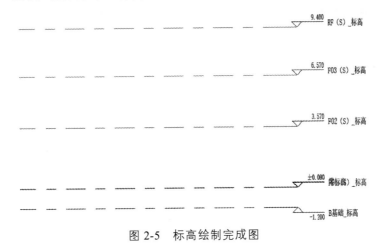

图 2-5　标高绘制完成图

（4）新村住宅结构的标高创建完成，保存文件。

2.3.3　编辑标高

发现"零标高"与"F01（S）"标高符号重叠，故进行标高符号编辑。

（1）点击选中标高"F01（S）"，在属性栏中，从类型选择器下拉列表中选择"标高：下标头"类型，如图2-6所示。此标高符号标头自动向下翻转后显示如图2-7所示。

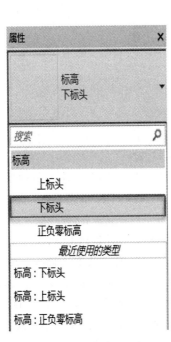

图 2-6　属性栏界面

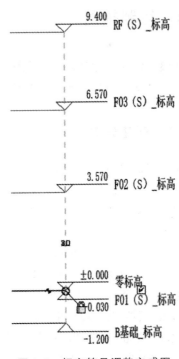

图 2-7　标高符号调整完成图

（2）如图 2-8 所示框选所有创建完成的标高，点击"锁定"命令进行锁定，防止误操作引起标高移位，如图 2-9 所示。

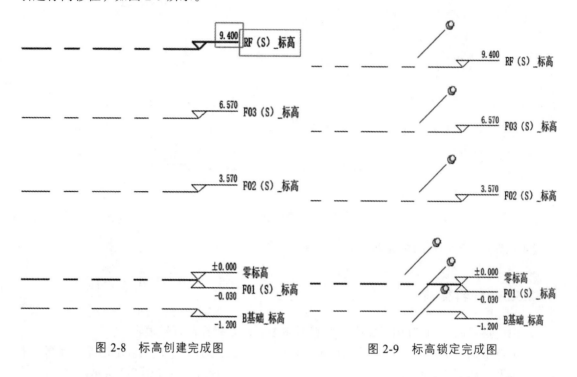

图 2-8　标高创建完成图　　　　　　图 2-9　标高锁定完成图

2.4　绘制轴网

在立面视图绘制标高，平面视图中创建轴网。Revit 中轴网只需要在任意一个平面视图中绘制一次，其他平面和立面、剖面视图中都将自动显示。

2.4.1　创建轴网

在项目浏览器中双击"楼层平面"项下的"F01（S）"视图，打开首层平面视图。

（1）单击"插入"→"导入 CAD"，选择"一层柱布置图"，勾选"仅当前视图"，"图层/标高"选择"可见"，"导入单位"选择"毫米"，"定位"选择"手动-中心"，单击"打开"，如图 2-10 所示。

（2）在操作空间四个视点之间适当位置放置 CAD 图纸，如图 2-11 所示。

（3）以导入的图纸为基准，选择"轴网"直线绘制，绘制第一条垂直轴线，轴号为 1。利用"复制" 命令，单击捕捉 1 号轴线作为复制参考点，然后水平向右移动光标，直接输入数值 3600 后按"Enter"键，确认后复制 2 号轴线；保持光标位于新复制的轴线右侧，分别输入 2400、2100 后按"Enter"键确认，绘制 2、4 号轴线。如图 2-12 所示。

（4）同理绘制水平方向轴线。单击选项卡"建筑"→"轴网"命令，创建第一条水平轴线。

（5）选择刚创建的水平轴线，修改标头文字为"A"，创建 A 号轴线，如图 2-13 所示。

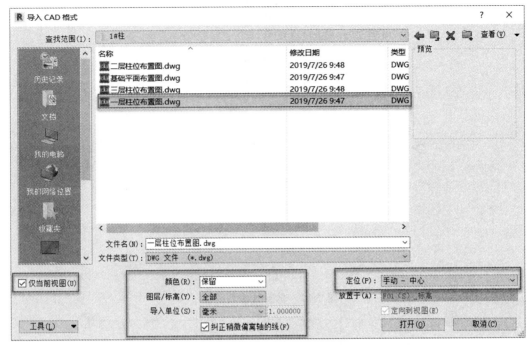

图 2-10　导入 CAD 图纸界面

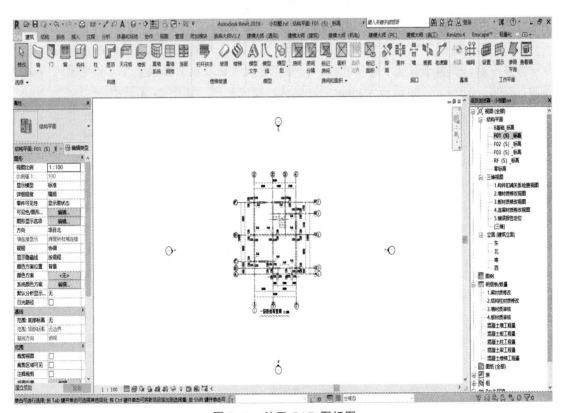

图 2-11　放置 CAD 图纸图

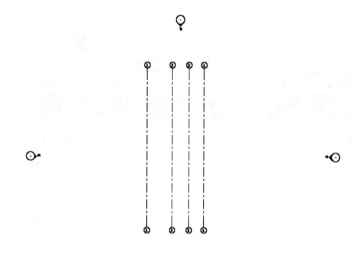
图 2-12　垂直轴线复制图

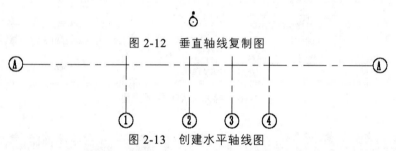
图 2-13　创建水平轴线图

（6）利用"复制" 命令，创建 B～F 号轴线。在 A 号轴线上移动光标单击捕捉一点作为复制参考点，然后垂直向上移动光标，保持光标位于新复制的轴线上方，分别输入 900、1000、3800、3100、1700 后按"Enter"键确认，完成复制，如图 2-14 所示。

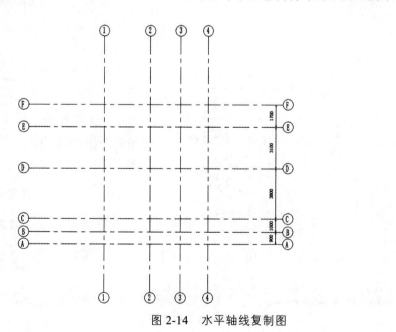
图 2-14　水平轴线复制图

（7）完成后保存文件。

2.4.2　编辑轴网

（1）绘制完轴网后，需要在平面视图中手动调整轴线位置，如图 2-15 所示，修改 3 号和 E 号轴线以和图纸表达相符。

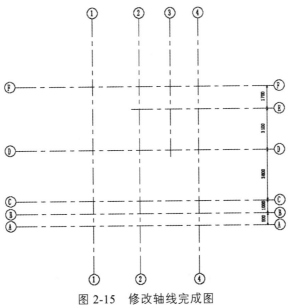

图 2-15　修改轴线完成图

（2）选中 3 号轴线，点击一头的小锁符号，解开轴线长短关联，如图 2-16 所示。拖动轴号附近的控制圆圈到适当位置，完成后如图 2-17 所示。

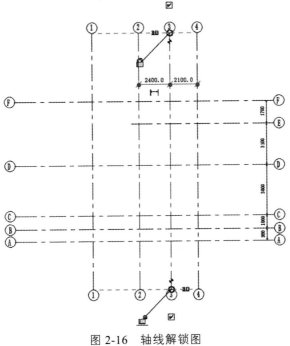

图 2-16　轴线解锁图

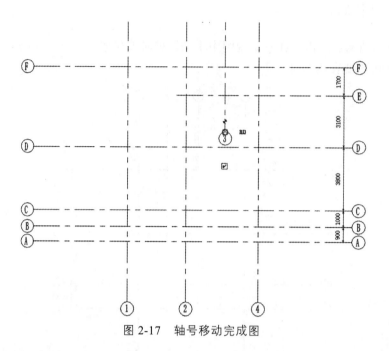

图 2-17　轴号移动完成图

（3）选中 3 号轴线，关闭下方轴号，同理移动并关闭"E 轴"轴号，完成轴网绘制，保存文件，如图 2-18，图 2-19 所示。

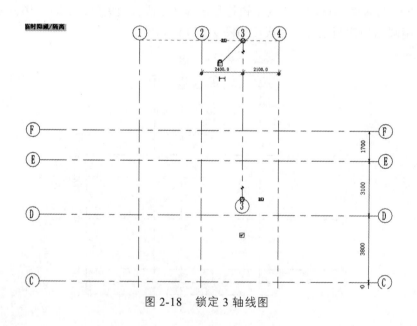

图 2-18　锁定 3 轴线图

（4）框选所有创建完成的轴线，点击"锁定"命令进行锁定（见图 2-20），防止误操作引起轴网移位。

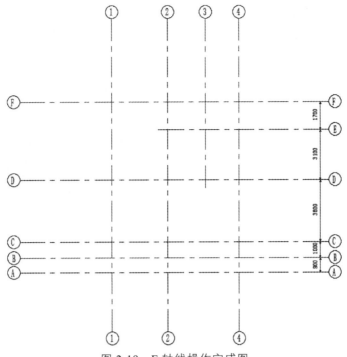

图 2-19 E轴线操作完成图

图 2-20 "锁定"命令位置图

习题

1. 下列关于项目样板说法错误的是（　　　）。

   A. 项目样板是 Revit 的工作基础

   B. 用户只可以使用系统自带的项目样板进行工作

   C. 项目样板包含族类型的设置

   D. 项目样板文件后缀为.rte

2. 下列哪一项属于 Revit 的基本特性？（　　　）

   A. 族　　　　　　B. 参数化　　　　　　C. 协同　　　　　　D. 信息管理

3. 根据图 2-21 给定数据创建标高与轴网，显示方式参考下图。请将模型以"标高轴网"为文件名保存到考生文件夹中（引自：中国图学学会 BIM 等级考试试题 一级第九期第 1 题）。

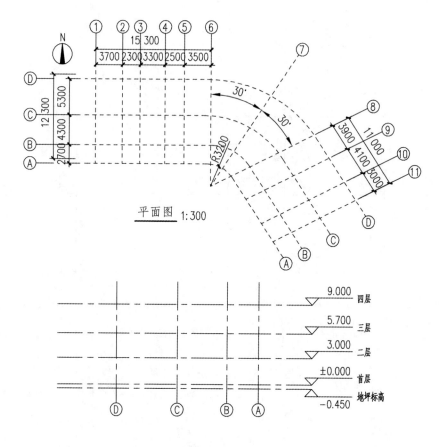

平面图 1:300

9.000 四层

5.700 三层

3.000 二层

±0.000 首层
−0.450 地坪标高

① ② ③ ④ ⑤ ⑥ ⑦

15 300
3700 2300 3300 2500 3500

12 300 5300
2700 4300

30°
30°

R3200

3900 11 000
4100 5000

⑧ ⑨ ⑩ ⑪

D C B A

西立面图 1:300

图 2-21 题 3 图

第 3 章 基础部分模型创建

在项目浏览器中双击"结构平面"项下的"B基础_标高",零标高以下基础平面视图。

3.1 绘制地下部分墙体与基础

（1）单击"插入"→"导入CAD"，选择"基础平面布置图.dwg"，勾选"仅当前视图"，"图层/标高"选择"可见"，"导入单位"选择"毫米"，"定位"选择"手动-中心"，单击"打开"，如图3-1所示。

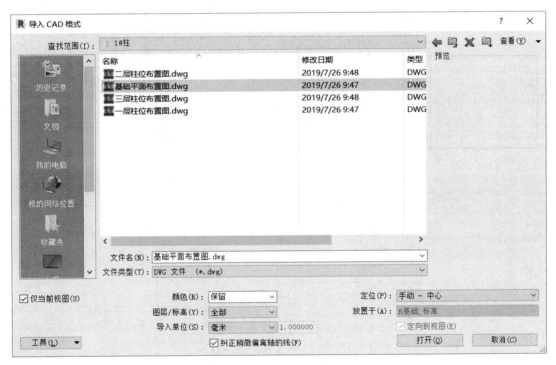

图 3-1　导入 CAD 图纸界面

（2）在操作空间适当位置放置CAD图纸，如图3-2所示。

（3）使用"对齐"命令定位图纸。选择"修改"→"对齐"命令，先单击"轴线1"，再单击CAD图纸中的"轴线①"，对齐图纸水平向位置。随后单击"轴线F"，再单击CAD图纸中的"轴线F"。结果如图3-3所示。

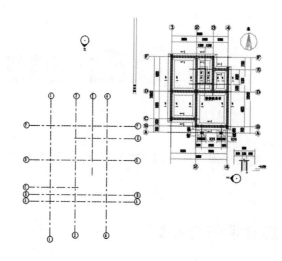

图 3-2 放置 CAD 图纸完成图

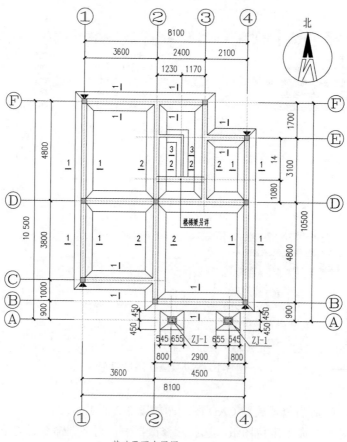

基础平面布置图 1:100

图 3-3 对齐定位完成图

（4）Revit 提供了三种"基础"形式的创建："独立基础""条形基础""基础底板"。本案例中由于软件自带条形基础功能对断面形式编辑有限，不满足项目模型要求，故条形基础部分采用自定义截面形式的"结构框架"类型进行绘制，如图 3-4 所示。

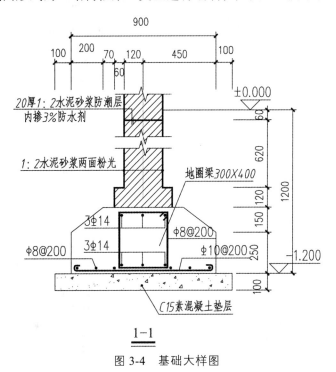

图 3-4　基础大样图

（5）单击选项卡"结构"→"梁"命令，如图 3-5 所示。

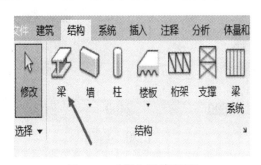

图 3-5　"梁"选定界面

在类型选择器中选择"条基 1-1"类型，单击"属性"对话框，设置实例参数"参照标高"为"B 基础—标高"，"Z 轴偏移值"为"400.0"，单击"应用"，如图 3-6、图 3-7 所示。

（6）单击绘制面板选择"直线"命令，移动光标单击鼠标左键按顺时针方向绘制如图 3-8 所示条形基础，所有条形基础完成后如图 3-9 所示。

（7）条基除剖面 1-1 形式外，在部分区域还存在其他形式。在类型选择器中选择"条基 2-2"，如图 3-10 所示。

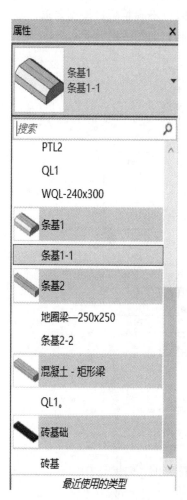

图 3-6　类型选择界面

图 3-7　设置属性界面

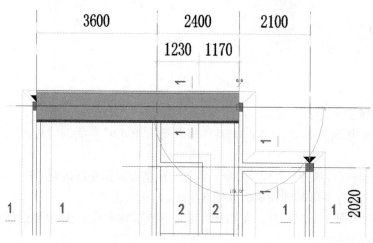

图 3-8　条形基础绘制过程图

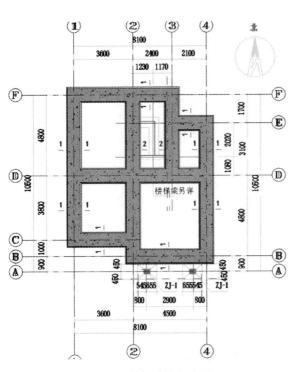

图 3-9 条形基础绘制完成图　　　　　　　图 3-10 类型选择界面

（8）单击"属性"栏，同样在类型选择器中选择"条基 2-2"类型，单击"属性"对话框，设置实例参数"参照标高"为"B 基础—标高"，"Z 轴偏移值"为"0"，单击"应用"。

（9）选择"绘制"面板下"直线"命令，绘制如图 3-11、图 3-12、图 3-13 所示条基，完成后保存文件。

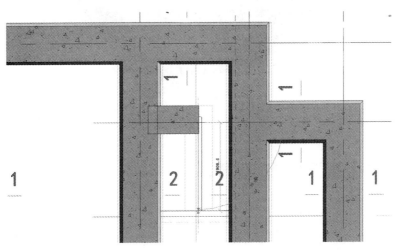

图 3-11 条基绘制过程图 1

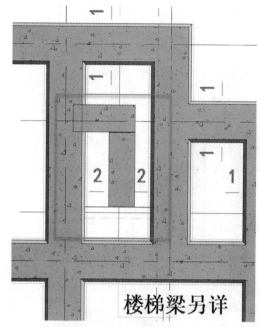

图 3-12　条基绘制过程图 2

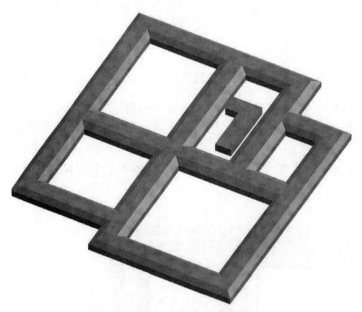

图 3-13　条基绘制完成图

3.2　绘制条基下素混凝土垫层

（1）垫层大样如图 3-14 所示，单击选项卡"结构"→"楼板"命令，在类型选择器中选择"垫层"类型。设置实例属性参数"标高"为"B 基础—标高"，进行垫层模型绘制，操作如图 3-15、图 3-16、图 3-17 所示。

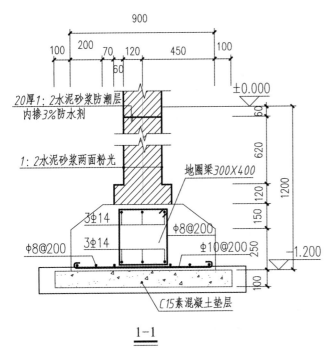

图 3-14　垫层大样图

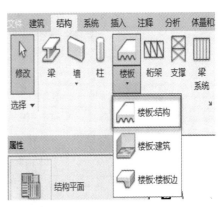

图 3-15　"楼板"选择界面

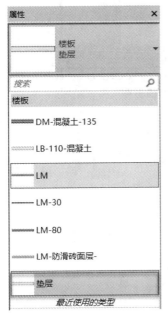

图 3-16　类型选择界面

图 3-17　属性编辑界面

（2）由条基剖面详图可知垫层宽度相较于条形基础两侧各有 100 mm 延伸。绘制垫层边界以条形基础平面表达为参照，往两侧偏移 100 mm。选择"边界线"按直线绘制，设置偏移数值为"100"，如图 3-18 所示。

（3）如图 3-19 所示，点击捕捉条基左上角角点为边界线起点，向下移动，依次点击条基边缘角点，描出边界线外轮廓，如图 3-20 所示。

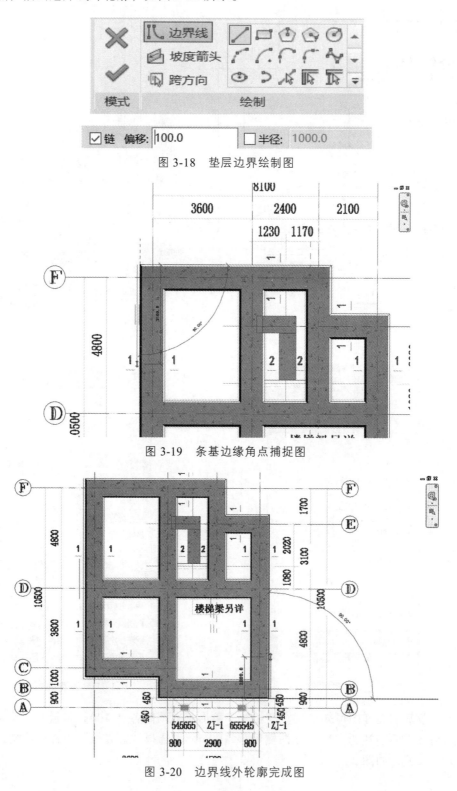

图 3-18　垫层边界绘制图

图 3-19　条基边缘角点捕捉图

图 3-20　边界线外轮廓完成图

（4）垫层以"楼板"命令进行绘制，边界线要求为闭合轮廓。绘制完外边界轮廓，点击捕捉条基内部各角点，绘制边界线内部轮廓，如图 3-21 所示。

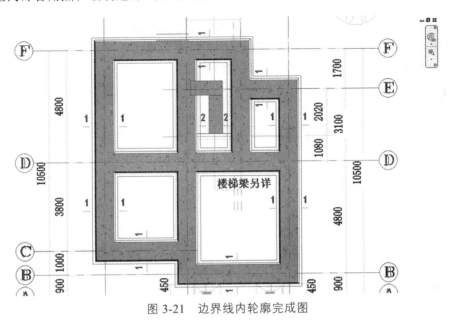

图 3-21　边界线内轮廓完成图

（5）点击"√"生成垫层，完成绘制，如图 3-22 所示。

图 3-22　生成垫层界面

完成后如图 3-23 所示，保存文件。

图 3-23　垫层完成图

习题

1. 在 Revit 中,"链接 CAD"和"导入 CAD"有什么区别?
2. 在 Revit 中,"导入 CAD"图纸界面应该如何设置?
3. Revit 提供的"基础"形式的创建有哪些?

第 4 章　零标高以下墙体创建

根据设计说明中"建筑构造做法"，基础部分墙体与主体部分墙体属性不同，模型创建这部分需单独处理，做法如图 4-1 所示。

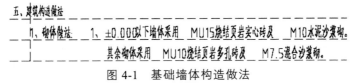

五、建筑构造做法

1、砌体做法：　1、±0.000以下墙体采用 MU15烧结页岩实心砖及 M10水泥沙浆砌。

其余砌体采用 MU10烧结页岩多孔砖及 M7.5混合沙浆砌。

图 4-1　基础墙体构造做法

在项目浏览器中双击"结构平面"项下的"B 基础—标高"，打开基础平面视图。

4.1　绘制条形基础上墙体

绘制条形基础上墙体大样如图 4-2 所示。

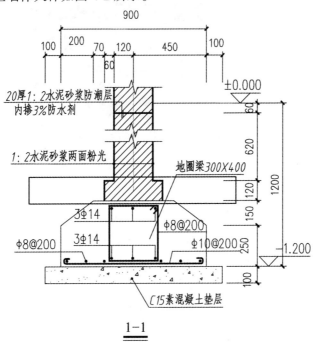

图 4-2　条形基础上墙体大样图

（1）单击选中导入的"基础平面布置图"，在如图 4-3 所示的属性栏切换绘制图层"背景"为"前景"。将图纸轴线显现于条形基础模型之上，便于绘制墙体定位，如图 4-4 所示。

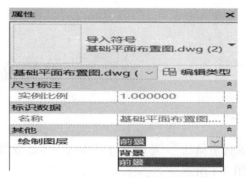

图 4-3　图纸属性设置

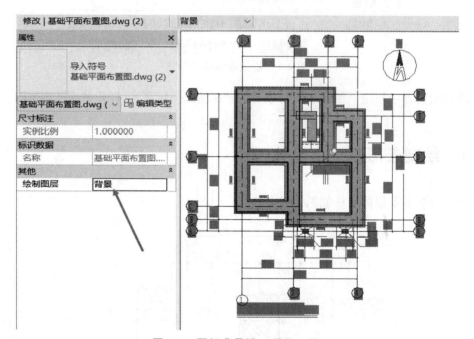

图 4-4　图纸背景设置后显示图

（2）单击选项卡"结构"→"墙"命令，如图 4-5 所示。

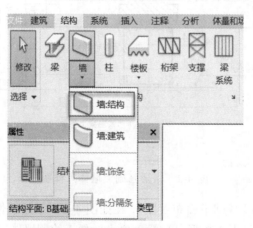

图 4-5　绘制墙体界面操作示意图

（3）在如图 4-6 所示的类型选择器中选择"基本墙"→"Q-360-MU15 烧结页岩实心砖"类型，单击"属性"对话框，设置实例参数"底部约束"为"B 基础—标高"，"顶部约束"为"未连接"，"无法连接高度"为"120.0"，如图 4-7 所示。

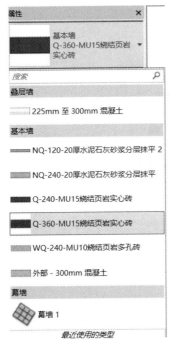

图 4-6　设置墙体属性

图 4-7　设置墙体约束

（4）如图 4-8 所示，单击绘制面板选择"直线"命令，依次沿条形基础中线点击墙体并绘制墙体。完成后的模型如图 4-9 所示。

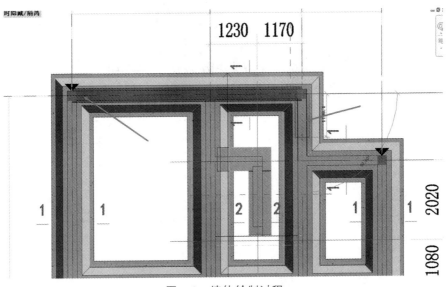

图 4-8　墙体绘制过程

图 4-9　墙体完成展示

4.2　绘制正负零标高下部墙体

（1）绘制墙体的窗体，单击选项卡"结构"→"墙"命令（见图 4-10），绘制如图 4-11 所示部分墙体。

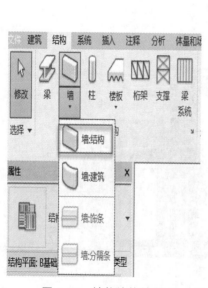

图 4-10　结构墙体绘制

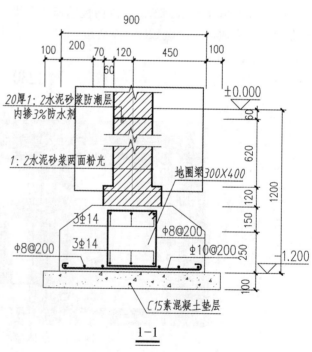

1-1

图 4-11　墙体结构大样

（2）在类型选择器中选择"基本墙"→"Q-240-MU15 烧结页岩实心砖"类型，单击"属性"对话框，设置实例参数"底部约束"为"B 基础—标高"，"底部偏移"设置为"520.0"，"顶部约束"为"直到标高：零标高"，如图 4-12、图 4-13 所示。

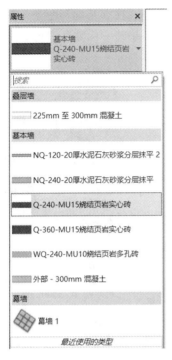

图 4-12　墙体属性设置

图 4-13　墙体约束设置

（3）单击绘制面板选择"直线"命令，依次沿条形基础中线点击墙体并绘制墙体。完成后的模型如图 4-14 所示。

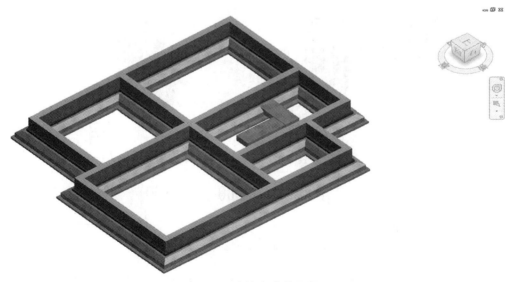

图 4-14　墙体完成效果展示

4.3 独立基础创建

入户处两柱下布置独立基础：

（1）打开"B 基础_标高"视图，单击选项卡"结构"→"独立基础"命令，在类型选择器中选择"独立基础-锥形 ZJ1"类型。设置"标高"为"B 基础—标高"，"自标高的高度偏移"为"400.0"。操作如图 4-15、图 4-16 所示。

图 4-15 绘制独立基础窗体示意

图 4-16 设置独立基础约束

（2）先在适当位置放置独立基础，再使用"对齐"命令将其定位准确，未对齐前如图 4-17 所示。

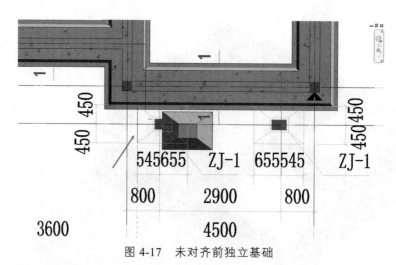

图 4-17 未对齐前独立基础

（3）在如图 4-18 所示的修改选项卡点击"对齐"命令，先点击图纸独基左边线再点击独立基础左侧边，独立基础位置移动如图 4-19 所示。

图 4-18　对齐操作界面

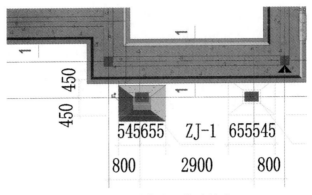

图 4-19　对齐独立基础单边

（4）再次使用"对齐"命令，先点击图纸独基下边线再点击独立基础下侧边，独立基础位置移动如图 4-20、图 4-21 所示。重复以上步骤对齐移动另一独立基础位置。

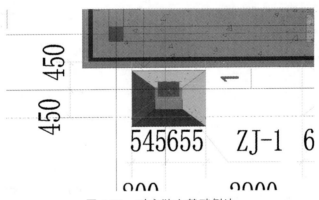

图 4-20　对齐独立基础侧边

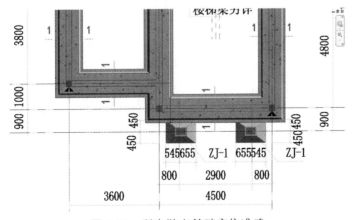

图 4-21　所有独立基础定位准确

4.4 绘制独基下素混凝土垫层

（1）单击选项卡"结构"→"楼板"命令，在类型选择器中选择"垫层"类型。设置实例属性参数"标高"为"B 基础—标高"，进行垫层模型绘制。如图 4-22、图 4-23、图 4-24 所示。

图 4-22　垫层绘制操作界面示意

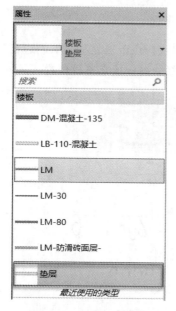

图 4-23　垫层属性设置

图 4-24　垫层标高设置

（2）绘制垫层边界以独立基础平面表达为参照，往外侧偏移 100 mm；选择"边界线"按矩形绘制；设置偏移数值为"100.0"，如图 4-25 所示。

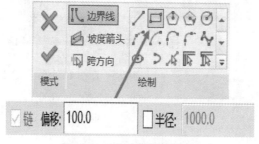

图 4-25　垫层偏移量设置

（3）点击捕捉独立基础左上角与右下角为边界线矩形轮廓对角点，完成垫层边界绘制，点击完成生产垫层模型；连接条形基础垫层和独立基础垫层。如图 4-26、图 4-27 所示。

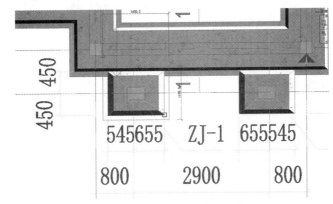

图 4-26　垫层边界绘制示意

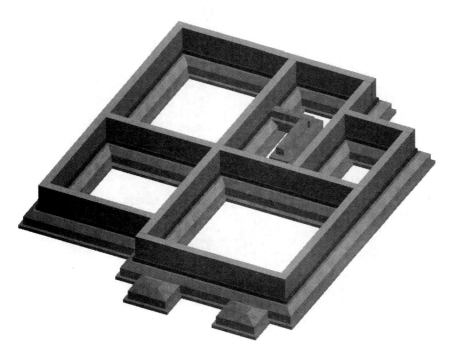

图 4-27　垫层绘制完成展示

5.1　绘制一层构造柱

在项目浏览器中双击"结构"项下的"F01（S）_标高"，打开对应平面视图，创建一层平面构造柱。

（1）单击"结构"→"柱"→"结构柱"命令，在类型选择器中选择柱类型"混凝土-矩形-柱 GZ1"，如图 5-1、图 5-2 所示。

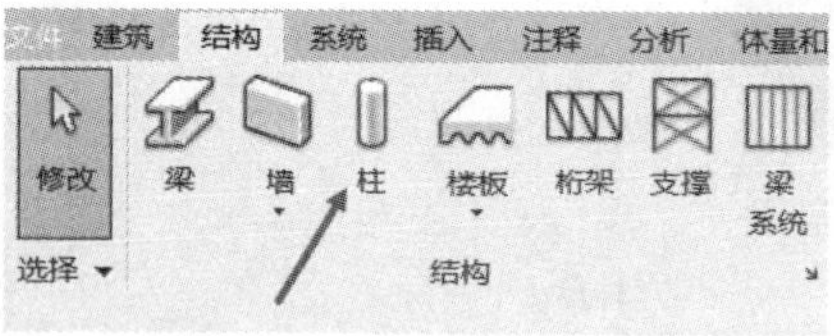

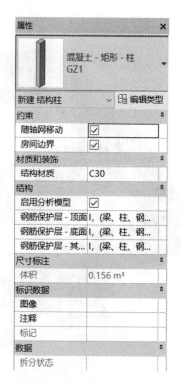

图 5-2　柱类型选择

图 5-1　绘制柱窗体示意

（2）将构造柱放置方式设置为"高度"。设置其"实例属性"参数"底部标高"为"F01（S）_标高"，"顶部标高"为"F02（S）_标高"，单击"应用"，如图 5-3、图 5-4 所示。

修改|放置 结构柱　□放置后旋转　高度：　F02（S）　2500.0　☑房间边界

图 5-3　柱标高设置

（3）将构造柱放置于图纸对应位置，单击左键确认放置，依次放置本层所有 Gz1，如图 5-5 所示。

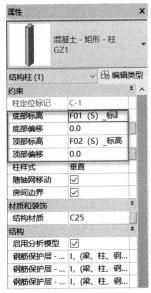

图 5-4 柱约束设置

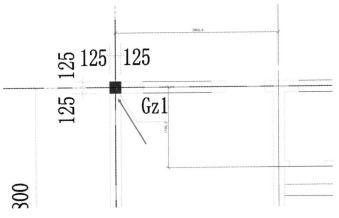

图 5-5 柱布置示意

（4）单击"结构"→"柱"→"结构柱"命令，在入户处放置两个 Gz2。选用类型"混凝土-矩形-柱 GZ2"，放置方式设置为"高度"。设置其"底部标高"为"B 基础标高"，"底部偏移"为"400.0"，"顶部标高"为"F02（S）_标高"，如图 5-6 所示，完成后平面如图 5-7所示。

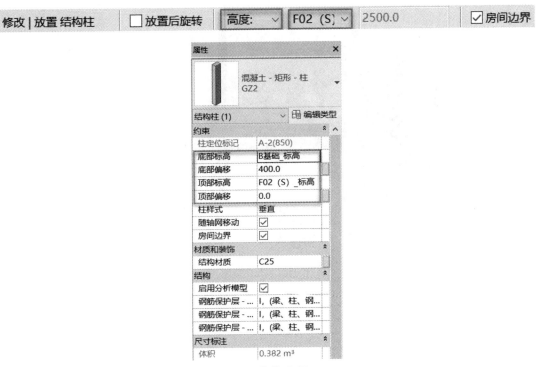

图 5-6 柱偏移设置

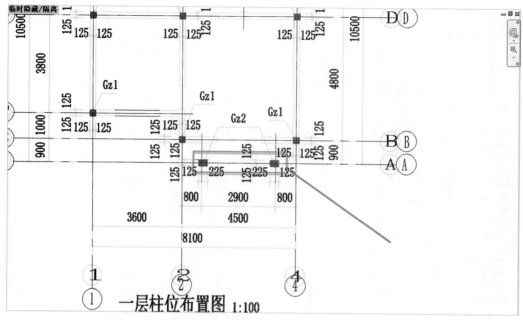

Gz1

Gz1

Gz2

Gz1

一层柱位布置图 1:100

图 5-7　设置偏移后柱平面图

（5）将 GZ2 放置对应位置，可使用"对齐"命令进行定位。完成后的模型如图 5-8 所示，保存文件。

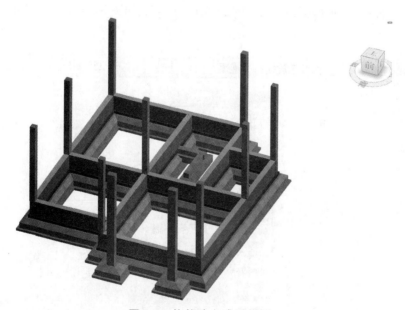

图 5-8　柱构建完成后模型

5.2　绘制一层墙体

（1）单击选项卡"结构"→"墙"命令，绘制一层构造柱之间的墙体，如图 5-9 所示。

（2）在类型选择器中选择"基本墙 WQ-240-MU10 烧结页岩多孔砖"类型，单击"属性"对话框，设置实例参数"底部约束"为"零标高"，"底部偏移"设置为"0.0"。"顶部约束"为"F02（S）_标高"，如图 5-10 所示。

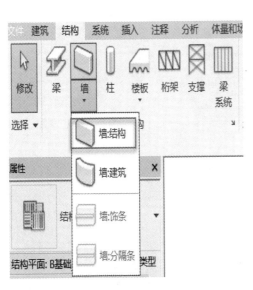

图 5-9　绘制墙体窗体示意

图 5-10　设置墙体属性

（3）单击绘制面板选择"直线"命令，依次沿两构造柱之间绘制外墙墙体。完成后的模型如图 5-11 所示。

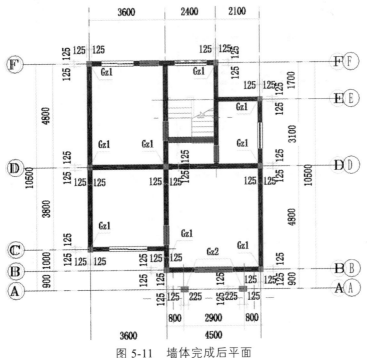

图 5-11　墙体完成后平面

（4）单击绘制面板选择"直线"命令，绘制内墙墙体。在类型选择器中选择"基本墙：
NQ-240-20厚水泥石灰砂浆分层抹平"类型，单击"属性"对话框（见图5-12），设置实例参
数"底部约束"为"零标高"，"底部偏移"设置为"0.0"。"顶部约束"为"F02（S）_标高"。
绘制基本墙位置如图5-13所示。

图 5-12　墙体属性设置

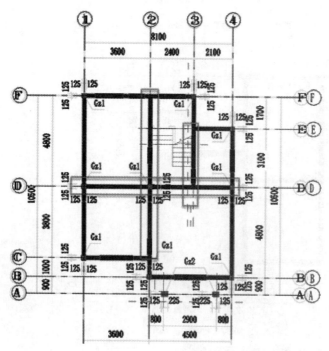

图 5-13　墙体完成后平面显示

（5）完成之后绘制保存文件，如图 5-14 所示。

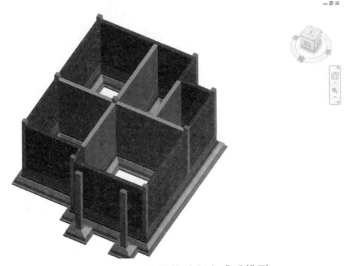

图 5-14　一层墙体绘制完成后模型

5.3　绘制 3.570 m 梁

在项目浏览器中双击"结构"项下的"F02（S）_标高"，打开对应平面视图，创建 3.570 m 梁。

（1）打开"F02（S）_标高"结构平面视图，导入梁图，定位对齐轴线位置，如图 5-15 所示。单击选项卡"结构"→"梁"命令，进行梁的绘制，如图 5-16 所示。

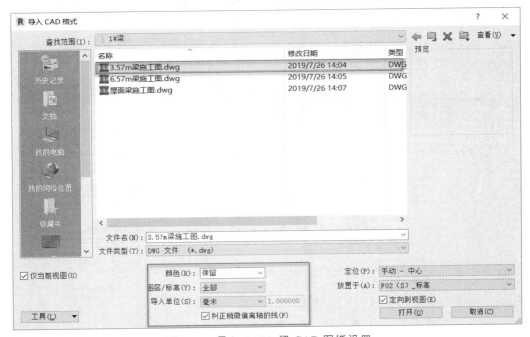

图 5-15　导入 3.57m 梁 CAD 图纸设置

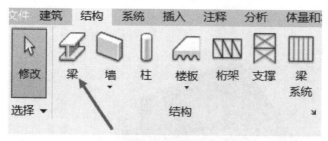

图 5-16　绘制梁操作示意

（2）参照图纸梁类型表达，在类型选择器中分别选择"QL1""1LL-1（1）-250×350""1LL-2（1）-250×450""1LL-3（1）-250×300"类型，如图 5-17、图 5-18、图 5-19、图 5-20、图 5-21 所示。

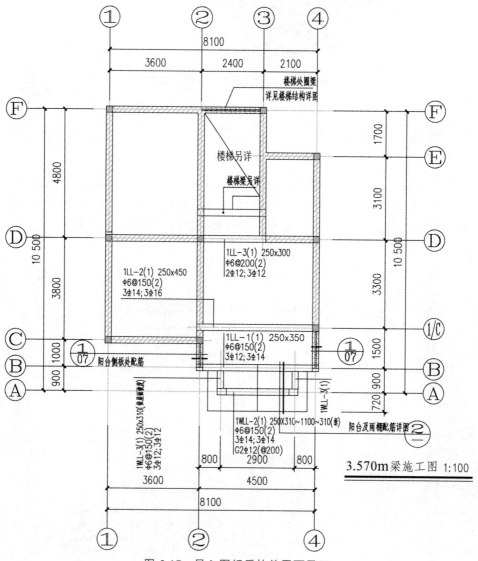

图 5-17　导入图纸后软件平面显示

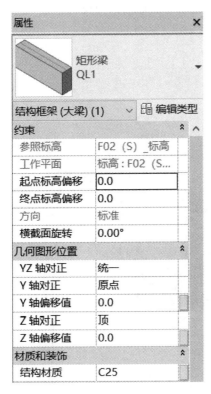

图 5-18 QL1 属性设置

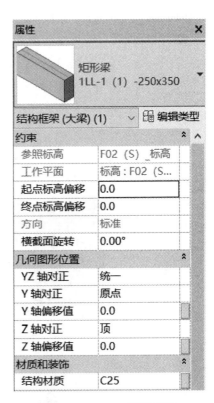

图 5-19 1LL-1 属性设置

属性　　　　　　　　　　　　　　×

矩形梁
1LL-2 (1) -250x450

结构框架 (托梁) (1)　∨　编辑类型

约束　　　　　　　　　　　　　　　　　　　　　　

参照标高	F02 (S) _标高
工作平面	标高 : F02 (S...
起点标高偏移	0.0
终点标高偏移	0.0
方向	标准
横截面旋转	0.00°

几何图形位置

YZ 轴对正	统一
Y 轴对正	原点
Y 轴偏移值	0.0
Z 轴对正	顶
Z 轴偏移值	0.0

材质和装饰

| 结构材质 | C25 |

图 5-20 1LL-2 属性设置

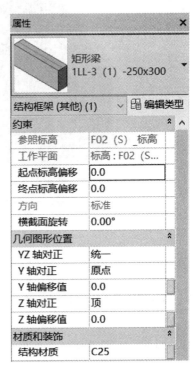

图 5-21 1LL-3 属性设置

（3）按图 5-22 所示位置，依次点击构造柱与构造柱中心点作为对应梁的起点与终点位置创建对应梁。完成创建后的模型如图 5-23 所示。

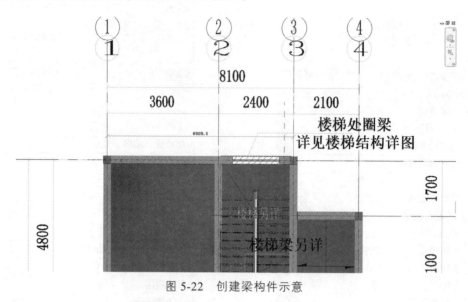

图 5-22　创建梁构件示意

图 5-23　梁绘制完成后模型

5.4　修改调整一层墙体

如图 5-24 所示，绘制完成 3.570 m 梁之后发现下部一层墙体与其有重叠，故需调整墙体高度解决构件冲突问题。

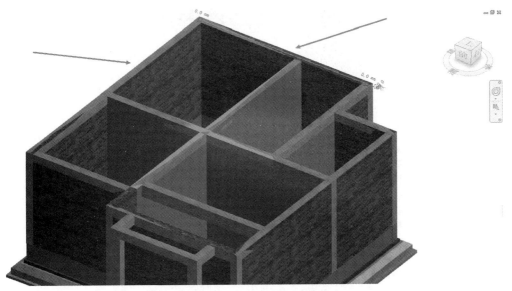

图 5-24　梁墙重叠示意

（1）切换默认三维视图，按住"Ctrl"键依次点选所有一层墙体，如图 5-25 所示。

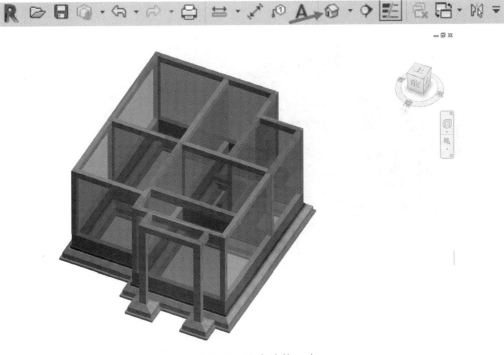

图 5-25　选中墙体示意

（2）在属性栏将所有的墙体的"顶部偏移"调整为"－300"，即降低墙高度 300 mm，如图 5-26 所示。

（3）在操作空间空白处点击鼠标左键，所有墙体高度调整，与梁的位置关系修改完成，如图 5-27 所示。

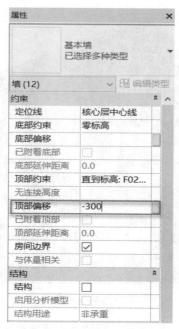

图 5-26　墙体偏移设置

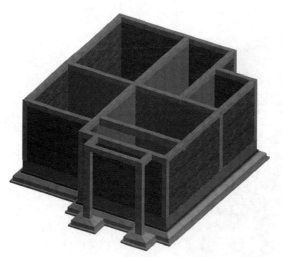

图 5-27　墙体高度调整后模型

5.5　绘制首层顶板

（1）在项目浏览器中双击"结构平面"项目下的"F02（S）-标高"，打开二层平面视图。

单击"插入"→"导入 CAD"，选择"3.570 m 板配筋图.dwg"，勾选"仅当前视图"，"图层/标高"选择"可见"，"导入单位"选择"毫米"，"定位"选择"手动-原点"，单击"打开"，如图 5-28 所示。对齐轴线定位图纸后如图 5-29 所示。

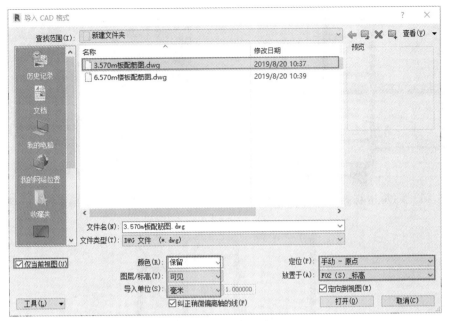

图 5-28　导入板配筋图

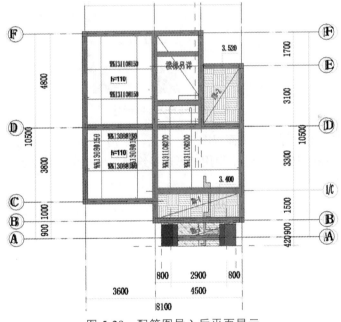

图 5-29　配筋图导入后平面显示

（2）绘制各区域楼板，相同标高楼板可一起进行绘制。

此区域 4 块楼板在标高 3.570 m 的楼层进行绘制，设置高度偏移为 0，具体位置如图 5-30 所示。

（3）单击选项卡"结构"→"楼板"命令，在类型选择器中选择"LB-110-混凝土"类型。设置实例属性参数"标高"为"F02（S）_标高"，进行楼板绘制。板绘制操作界面如图 5-31 所示。

（4）有两区域楼板存在降板，上方区域的楼板高度偏移-50，下方区域的楼板高度偏移-150，楼板绘制完成后调整偏移值。具体区域如图 5-32 所示。

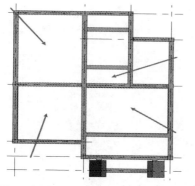

图 5-30　3.570 m 标高楼板绘制区域

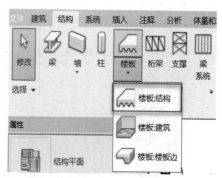

图 5-31　板绘制操作界面示意

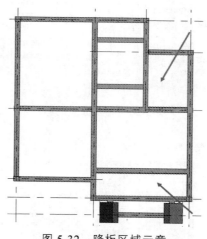

图 5-32　降板区域示意

（5）进入"F02（S）_标高"平面视图后，单击"结构"选项卡下"楼板"命令进行绘制。选取楼板类型"LB-110-混凝土"，使用矩形边界绘制，绘制完成后点击生成，如图 5-33、图 5-34 所示。

图 5-33　楼板类型设置

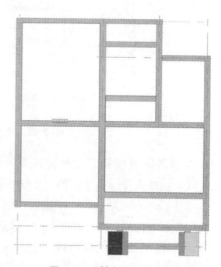

图 5-34　楼板绘制过程

（6）重复使用"楼板"命令绘制其他区域降板。设置该部分区域"自标高的高度偏移"
为"-50.0"，如图 5-35、图 5-36 所示。

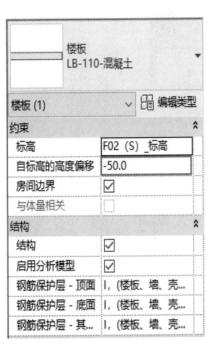

图 5-35　楼板降板 50 mm 设置

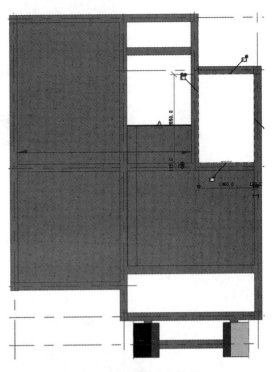

图 5-36　楼板边界设置

（7）重复使用"楼板"命令绘制其他区域降板。设置该部分区域"自标高的高度偏移"
为"-170.0"，如图 5-37、图 5-38 所示。

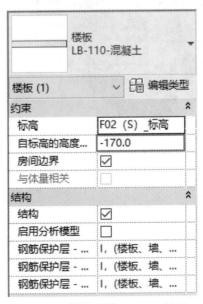

图 5-37　楼板降板 170 mm 设置

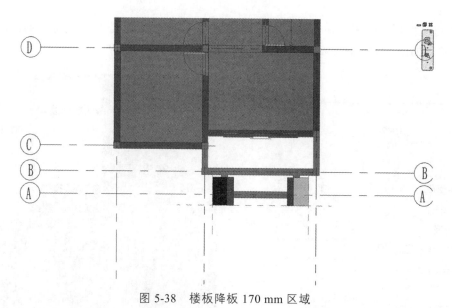

图 5-38　楼板降板 170 mm 区域

（8）绘制完成之后模型如图 5-39 所示，保存文件。

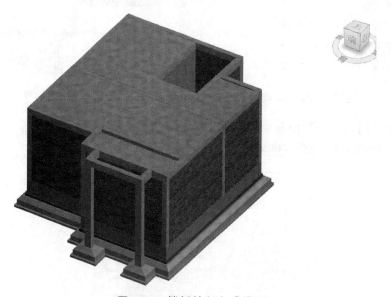

图 5-39　楼板绘制完成模型

5.6　绘制一层门窗

在项目浏览器中双击"结构平面"项目下的"F01（S）-标高"，打开一层平面视图。

（1）单击"插入"→"导入 CAD"，选择"一层平面.dwg"，勾选"仅当前视图"，"图层/标高"选择"可见"，"导入单位"选择"毫米"，"定位"选择"手动-原点"，单击"打开"，如图 5-40 所示。对齐定位图纸。

图 5-40　导图一层平面图

（2）打开"F01（S）-标高"视图，单击选项卡"建筑"→"窗"命令，在类型选择器中选择"推拉窗-双扇推拉窗"下方的"LC1518"，如图 5-41 所示。

（3）在选项栏上选择"在放置时进行标记"，如图 5-42 所示。

图 5-41　设置窗属性

图 5-42　窗标记设置

（4）将窗放置于墙体上，先放置再调整位置。选中放置的窗，移动临时尺寸标注蓝色控制点移动到墙中心的轴线上，根据 CAD 图纸对应尺寸，输入数值控制位置，如图 5-43 所示。

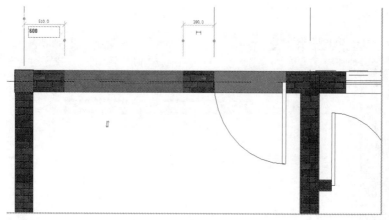

图 5-43 窗放置示意

（5）门放置方式与窗一致，选项卡如图 5-44 所示。

图 5-44 门构件放置窗体示意

在"建筑"选项卡中选择"门"，选择相应门的种类，如图 5-45、图 5-46 所示。

图 5-45 门属性设置

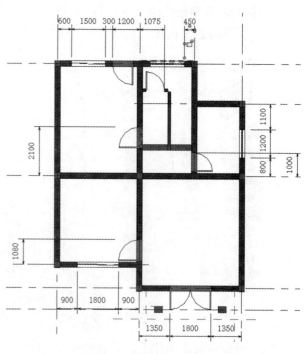

图 5-46 门放置示意

（6）放置完门窗后，模型如图 5-47 所示，保存文件。

图 5-47　一层门窗放置后的模型

6.1　绘制二层模型

（1）在项目浏览器中双击"结构平面"项目下的"F02（S）—标高"，打开二层平面视图。导入"二层柱位布置图"，参照一层构造柱绘制方法，创建二层构造柱，完成后模型如图6-1所示。

图 6-1　二层柱完成后示意图

（2）参照一层墙体绘制方法，创建二层内外墙体，绘制完成后如图6-2所示。

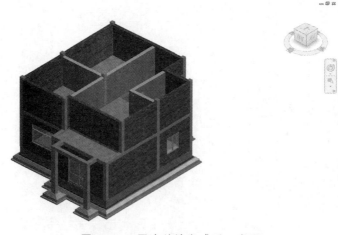

图 6-2　二层内外墙完成后示意图

（3）导入"二层平面图"，添加相应门窗，调整门窗平面位置，具体如图 6-3 所示。

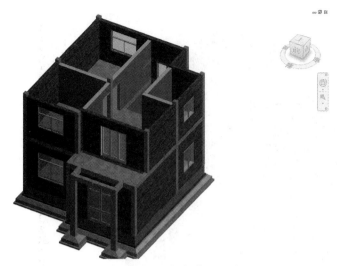

图 6-3　二层门窗完成后示意图

（4）导入图 6-4，参照前述梁绘制方式，创建二层梁。其中"6.700 m 腰线"选择类型及参数设置如图 6-5 所示，完成绘制后模型如图 6-6 所示。

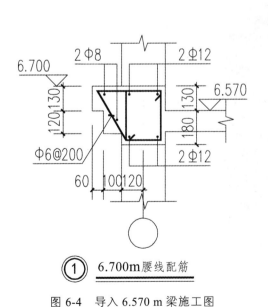

图 6-4　导入 6.570 m 梁施工图

属性		×
	腰线	
	6.700腰线	▼
结构框架 (大梁) (1)	∨	🔠 编辑类型
约束		⊼
参照标高	F03 (S) _标高	
起点标高偏移	130.0	
终点标高偏移	130.0	
横截面旋转	0.00°	
几何图形位置		
YZ 轴对正	统一	
Y 轴对正	原点	
Y 轴偏移值	0.0	
Z 轴对正	顶	
Z 轴偏移值	0.0	
材质和装饰		
结构材质	C25	
结构		
剪切长度	9170.0	
结构用途	大梁	
启用分析模型	☑	
钢筋保护层 - ...	I, (梁、柱、钢...	
钢筋保护层 - ...	I, (梁、柱、钢...	
钢筋保护层 - ...	I, (梁、柱、钢...	
尺寸标注		⊼
长度	8600.0	
体积	0.935 m³	
顶部高程	6700.0	
底部高程	6390.0	
属性帮助		应用

图 6-5　设置类型及参数

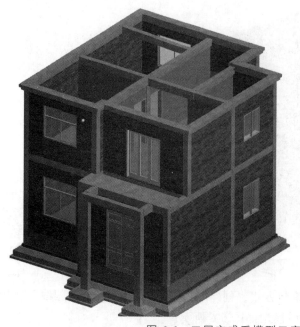

图 6-6　二层完成后模型示意图

（5）导入"6.570 m 楼板配筋图"，参照以上楼板绘制方式，创建二层楼板。注意降板区域标高，操作后模型如图 6-7 所示。

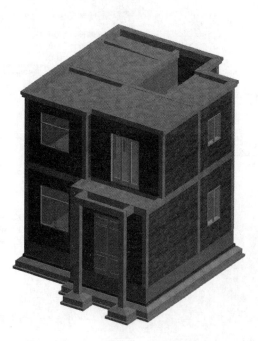

图 6-7　二层楼板完成后示意图

6.2　绘制三层模型

（1）在项目浏览器中双击"结构平面"项目下的"F03（S）—标高"，打开三层平面视图。导入"三层柱位布置图"，参照一层构造柱绘制方法，创建三层构造柱。绘制后如图6-8所示。

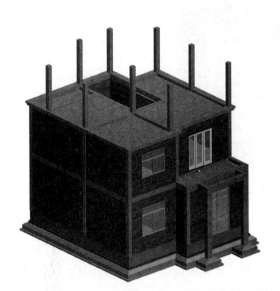

图6-8　三层柱完成后示意图

（2）参照一层墙体绘制方法，创建三层内外墙体。绘制完成后如图6-9所示。

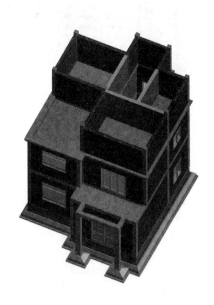

图6-9　三层内外墙体完成后示意图

（3）创建三层门窗，绘制完成后如图 6-10 所示。

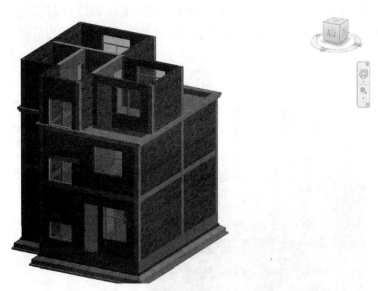

图 6-10　三层门窗完成后示意图

（4）在项目浏览器中双击"结构平面"项下的"RF（s）-标高"，打开其平面视图。

单击"插入"→"导入 CAD"，选择"屋面梁施工图.dwg"，勾选"仅当前视图"，"图层
/标高"选择"可见"，"导入单位"选择"毫米"，"定位"选择"手动-原点"，单击"打开"，
导入并对齐图纸，如图 6-11 所示。

图 6-11　导入屋面梁施工图

（5）参照梁绘制方式以"屋面梁施工图"为基准绘制，单击"结构"选项卡下方的"梁"，具体选择梁的种类以及梁的参数，如图 6-12、图 6-13 所示。

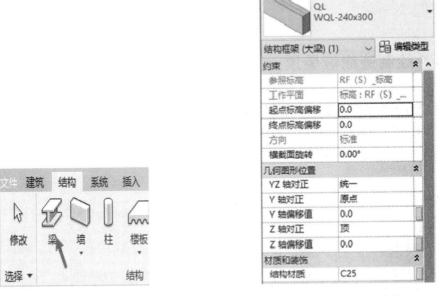

图 6-12 选择梁

图 6-13 设置梁参数

（6）绘制完成梁后如图 6-14 所示。

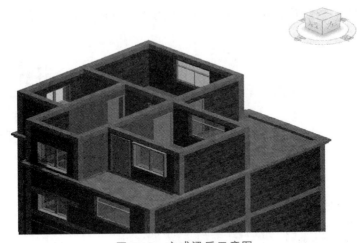

图 6-14 完成梁后示意图

第 7 章　屋顶创建

7.1　绘制迹线坡屋顶

（1）设置工作平面。选择"建筑"选项卡下"工作平面"面板，单击"设置"，将工作平面定为"RF（S）_标高"。操作界面如图 7-1 所示。

图 7-1　设置工作平面

（2）单击选项卡"建筑"，并且选择"迹线屋顶"方法绘制屋顶。操作界面如图 7-2、图 7-3 所示。

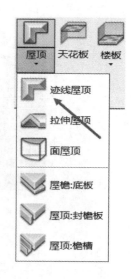

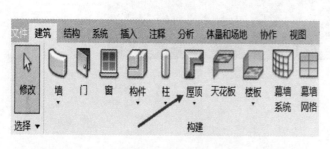

图 7-2　选择屋顶

图 7-3　选择"迹线屋顶"

（3）使用拾取线 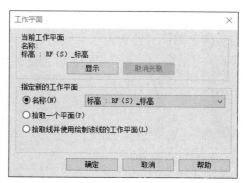 的方法进行绘制编辑，直接点击拾取 CAD 中的屋顶边界，如图 7-4 所示。

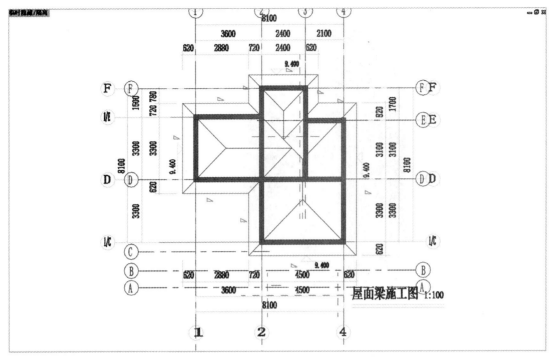

图 7-4　绘制迹线屋顶

（4）由图知屋顶坡比为 1∶3，本案例近似取 18°。属性栏调整坡度为"18.00°"，如图 7-5 所示。应保证各边界都定义坡度，单击"√"生成屋顶。模型如图 7-6、图 7-7 所示。

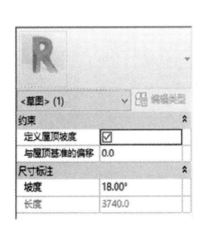

图 7-5　定义屋顶坡度

图 7-6　生成屋顶

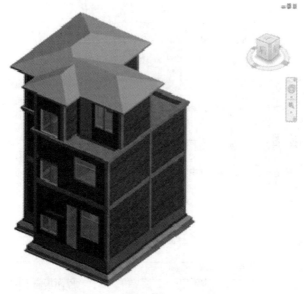

图 7-7　屋顶完成后示意图

7.2　绘制拉伸屋顶

（1）单击"建筑"→"工作平面"→"参照平面"命令，在"F02（S）_标高"平面视图绘制竖直向参照平面，如图 7-8、7-9 所示。

图 7-8　选择参照平面

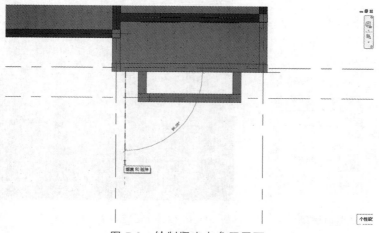

图 7-9　绘制竖直向参照平面

（2）选中绘制的参照平面，修改临时尺寸标注，调整其位置，如图7-10所示。

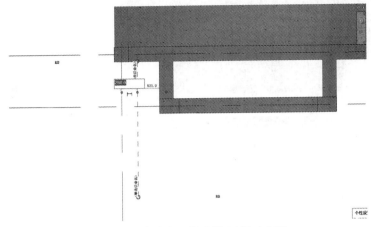

图 7-10　修改参照平面临时尺寸标注

（3）共绘制四道参照平面，具体定位尺寸如图 7-11、图 7-12 所示。

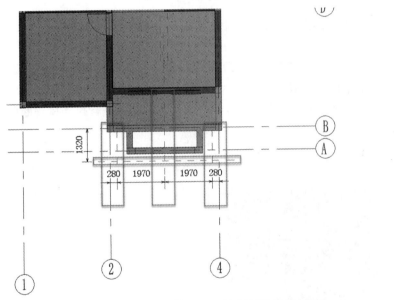

图 7-11　绘制四道参照平面

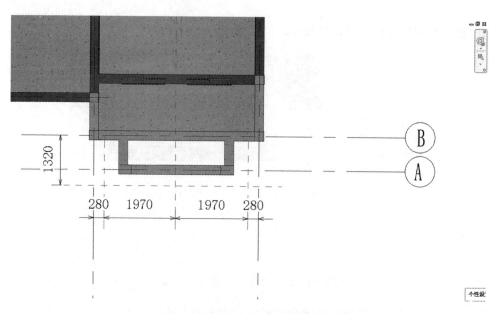

图 7-12　参照平面绘制完成后示意图

（4）切换至南立面，绘制一道参照平面，其距"零标高"高度为"2900 mm"，如图 7-13 所示。

（5）单击"建筑"→"屋顶"→"拉伸屋顶"命令，进入"拉伸屋顶"绘制界面，选择工作平面，单击"拾取一个平面"，如图 7-14 所示。

（6）点击平行于 A 轴的参照平面，选择"南立面"切换至南立面进行拉伸屋顶断面绘制，如图 7-15、图 7-16 所示。

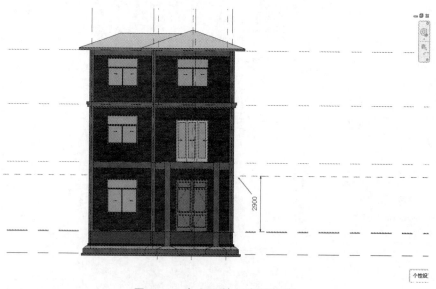

图 7-13　在立面绘制参照平面

（7）设置拉伸屋顶，以"零标高"为基准，偏移高度设为"2900"，点击"确定"，如图 7-17 所示。

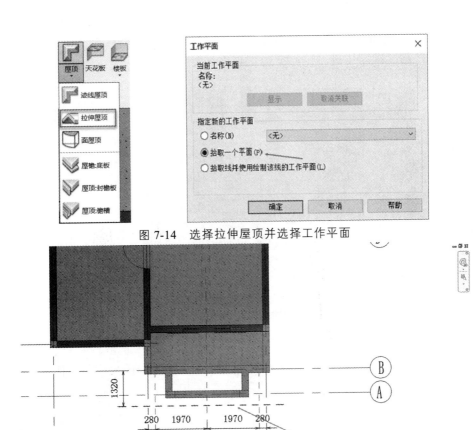

图 7-14 选择拉伸屋顶并选择工作平面

图 7-15 选中参照平面

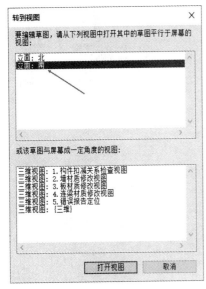

图 7-16 切换视图

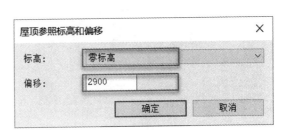

图 7-17 设置拉伸屋顶标高和偏移

（8）由图上面设置可知，该屋顶坡度为1：2，换算为角度为26°33′，为方便取26°。以左侧两参照平面交点为起点，调整26°延伸至中心线处，具体如图7-18所示。

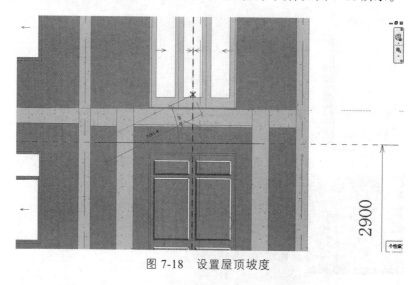

图 7-18　设置屋顶坡度

（9）同理绘制右侧 26°迹线至右侧两参照平面交点。选择"基本屋顶"中"WM-混凝土-110"类型，如图7-19所示。

图 7-19　选择屋顶类型

（10）切换至"三维视图"，选中拉伸屋顶，拖动后方"造型操作柄"，调整拉伸屋顶尺寸与梁边齐平，如图 7-20、图 7-21、图 7-22 所示。

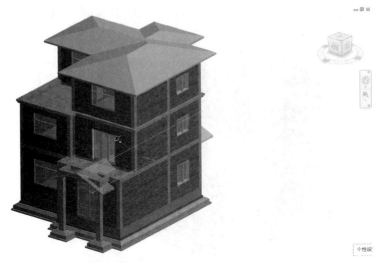

图 7-20　调整拉伸屋顶尺寸

图 7-21　调整拉伸屋顶尺寸与梁边平齐

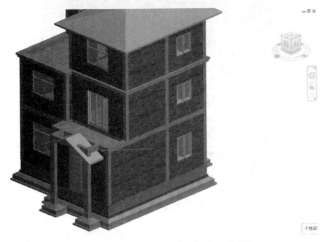

图 7-22　拉伸屋顶完成后示意图

7.3 屋顶下梁柱调整

（1）选中屋顶下结构柱，在"修改"面板中选择"附着 顶部/底部"，设置其"附着对正"为"最大相交"。再点击屋顶，完成柱高度与连接形式修改。如图 7-23、图 7-24、7-25 所示。

图 7-23　放置屋顶下梁柱

图 7-24　在"修改"面板中选择"附着 顶部/底部"

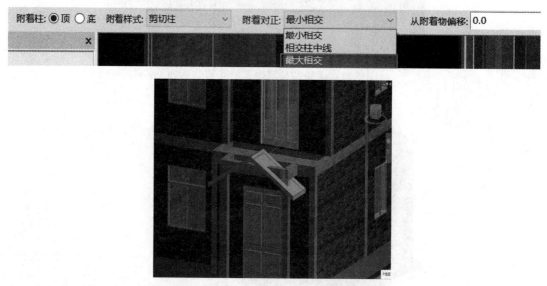

图 7-25　设置其"附着对正"为"最大相交"

（2）设置起点、终点附着类型（见图 7-26），设置起点、终点、标高偏移（见图 7-27），完成后模型如图 7-28 所示。

图 7-26　设置起点终点附着类型

图 7-27　设置起点终点标高偏移

完成后模型如图 7-28 所示。

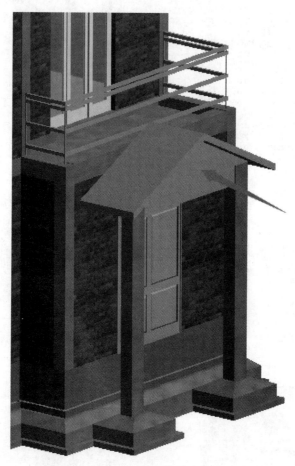

图 7-28　完成后模型示意图

　　注：箭头所指处的屋梁为更改后的变截面梁。（变截面梁的更改：删除之前画的 WL3，点击"结构"选项卡下的"梁"，找到属性里面的"1 变截面梁"，绘制变截面梁，完成变截面的绘制。）

（3）选择"建筑"选项卡下"栏杆扶手—绘制路径"，生成栏杆。如图 7-28、7-29 所示。

图 7-29　绘制栏杆扶手

第 8 章 楼 梯

本章采用功能命令和案例讲解相结合的方式，详细介绍了楼梯的创建和编辑的方法，并对项目应用中可能遇到的各类问题进行了细致的讲解。

8.1 图纸处理及定位

在项目浏览器中双击"结构平面"项下的"F01（S）_标高"，打开一层平面视图。

（1）单击"插入"→"导入 CAD"，选择"楼梯一层结构平面图"，勾选"仅当前视图"，"图层/标高"选择"可见"，"导入单位"选择"毫米"，"定位"选择"手动-中心"，单击"打开"，如图 8-1 所示。

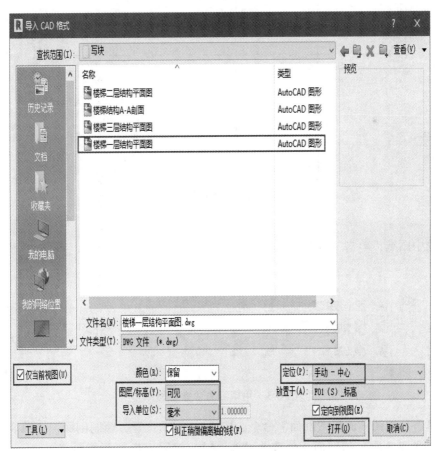

图 8-1 导入楼梯一层结构平面图

（2）在操作空间四个视点之中合适位置放置 CAD 图纸，对齐定位图纸，如图 8-2 所示。

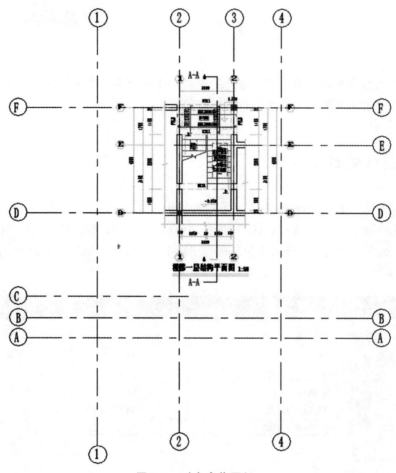

图 8-2　对齐定位图纸

（3）选中图纸，单击"修改"面板"锁定"命令，对其进行锁定，如图 8-3 所示。

图 8-3　用锁定命令锁定图纸

（4）单击"视图"面板"剖面"命令，按 CAD 图示位置，绘制剖面，如图 8-4 所示。
（5）将图 8-5 所示的剖面 1 修改为"A – A"，然后双击打开剖面视图。

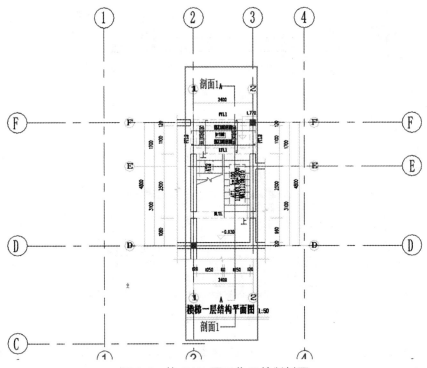

图 8-4 按 CAD 图示位置绘制剖面

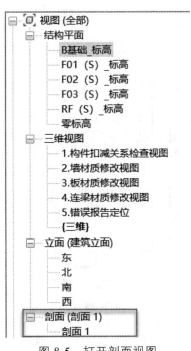

图 8-5 打开剖面视图

（6）单击"插入"→"导入 CAD"，选择"楼梯结构 A-A 剖面"，勾选"仅当前视图"，"图层/标高"选择"可见"，"导入单位"选择"毫米"，"定位"选择"手动-中心"，单击"打开"，如图 8-6 所示。

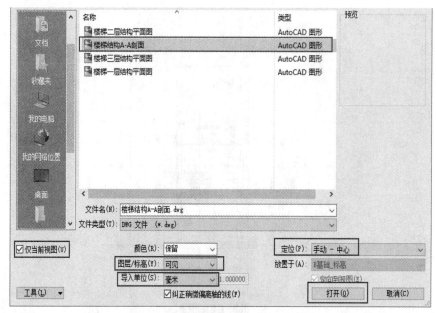

图 8-6　插入楼梯结构 A-A 剖面

（7）在剖面框中适当位置单击放置 CAD 图纸，拖拽裁剪区域的四个控制点，使 CAD 图纸在裁剪区域中完全可见，如图 8-7 所示。

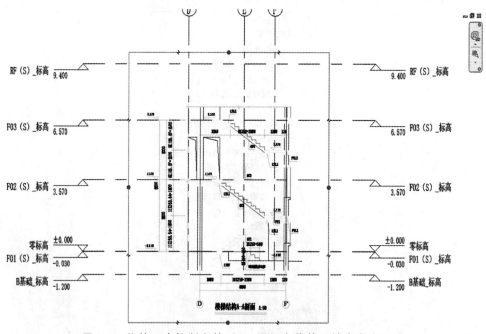

图 8-7　拖拽四个控制点使 CAD 图纸在裁剪区域中完全可见

（8）单击"修改"→"对齐"，先单击"F02（S）_标高"，再单击 CAD 图纸中的"标高3.570"，对齐图纸与标高。单击"轴线 D"，再单击 CAD 图纸中的"轴线 D"对齐图纸与轴网，结果如图 8-8 所示。

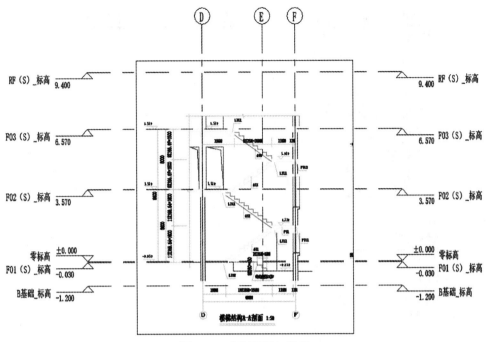

图 8-8　对齐图纸与轴网

（9）选中图纸，单击"修改"面板"锁定"命令，锁定图纸，如图 8-9 所示。

图 8-9　用"锁定"命令，锁定图纸

8.2　第一梯段绘制

在项目浏览器中双击"楼层平面"项下的"F01（S）_标高"，打开一层平面视图。

（1）单击"建筑"→"楼梯"，进入楼梯编辑界面。

（2）设置"楼梯属性"，在"实例属性"中选择"现场浇筑楼梯"下的"整体浇筑楼梯"作为楼梯类型。选择创建"梯段"构件类型，设置楼梯的"底部标高"为"F01（S）_标高"，"顶部标高"为"无"，"所需的楼梯高度"为"1800"，"定位线"为"梯边梁外侧：左"，"实际梯段宽度"为"1050.0"，"所需踢面数"为"11"，"实际踏板深度"为"250.0"，取消勾选"自动平台"，如图 8-10 所示。

（3）单击"编辑类型"按钮打开"类型属性"对话框（见图 8-11），单击"梯段类型"项后面的索引键，进入梯段设置界面，如图 8-12 所示。单击"复制"并命名为"整体浇筑楼梯"，在"构造"项中将"下侧表面"设置为"平滑式"，"结构深度"设置为"100.0"，在"踏板"项中将"楼梯前缘长度"设置为"0.0"，在"材质和装饰"项中设置楼梯的"整体式材质"参数为"混凝土-现场浇注混凝土"。

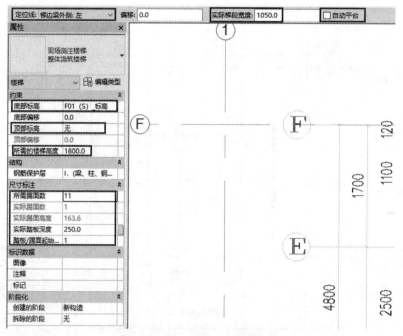

图 8-10 设置楼梯属性

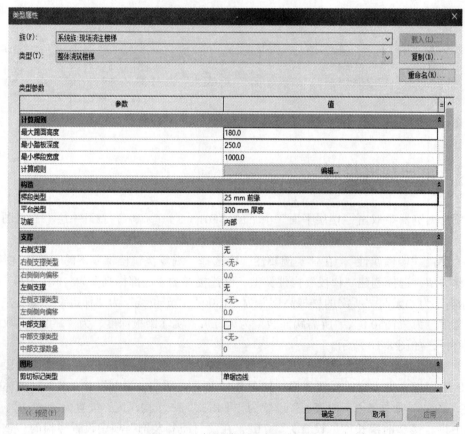

图 8-11 打开类型属性对话框

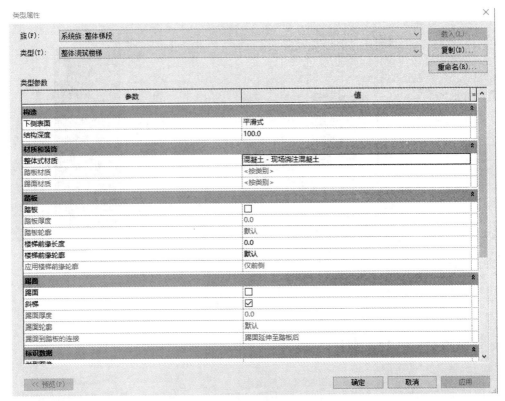

图 8-12　修改参数

（4）单击"平台类型"项后面的索引键，进入平台设置界面，如图 8-13 所示。单击"复制"并命名为 100 mm 厚度，在"构造"项中将"整体厚度"设置为"100.0"，在"材质和装饰"项中设置楼梯的"整体式材质"参数为"混凝土-现场浇注混凝土"。

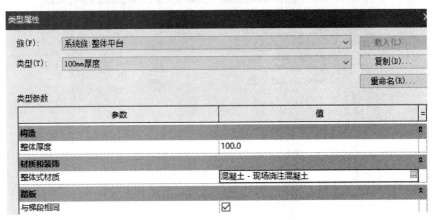

图 8-13　平台设置界面

（5）移动光标至楼梯第一踏步最左端端点位置，同时系统提示"端点"时，单击捕捉该端点作为第一梯段位置起点，向上垂直移动光标，当绘制至第十一个踏步时，单击鼠标左键，完成第一楼梯梯段绘制，如图 8-14、图 8-15 所示。

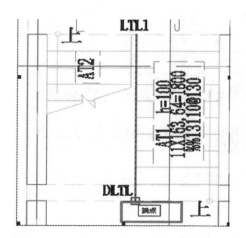

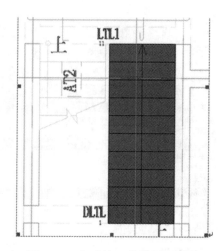

图 8-14　单击捕捉端点作为第一段位置起点　　　　图 8-15　完成第一楼梯梯段绘制

（6）单击"完成楼梯"命令，第一梯段创建完成。

8.3　第二梯段绘制

在项目浏览器中双击"结构平面"项下的"F02（S）_标高"，打开二层平面视图。

（1）单击"插入"→"导入 CAD"，选择"楼梯二层结构平面图"，勾选"仅当前视图"，"图层/标高"改为"可见"，"导入单位"改为"毫米"，"定位"改为"手动-中心"，单击"打开"，如图 8-16 所示。

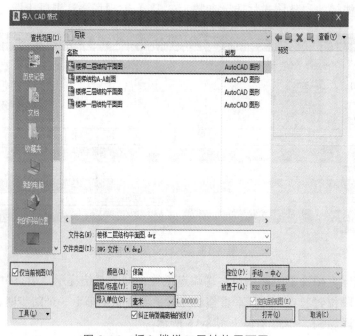

图 8-16　插入楼梯二层结构平面图

（2）在对应平面视图对齐定位图纸，如图 8-17 所示。

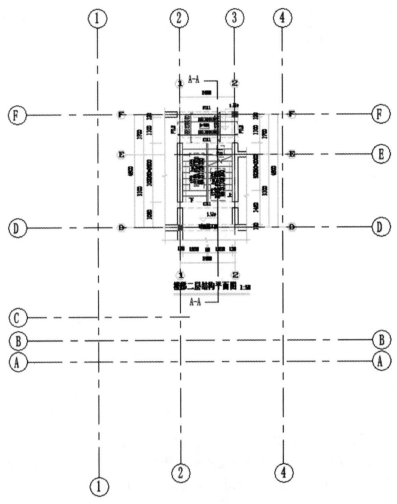

图 8-17　在对应平面视图对齐定位图纸

（3）选中图纸，单击"修改"面板"锁定"命令，锁定图纸，如图 8-18 所示。

图 8-18　锁定图纸

（4）单击"建筑"→"楼梯"，进入楼梯编辑界面。

　　设置"楼梯属性"，在"实例属性"中选择"现场浇筑楼梯"下的"整体浇筑楼梯"作为楼梯类型。选择创建"梯段"构件类型，设置楼梯的"底部标高"为 F02（S）_标高，"底部偏移"为"-1800.0""顶部标高"为"无"，"所需的楼梯高度"为"1800.0"，"定位线"为"梯边梁外侧：左"，"实际梯段宽度"为"1050.0"，"所需踢面数"为"11"，"实际踏板深度"为"250.0"，取消勾选"自动平台"，如图 8-19 所示。

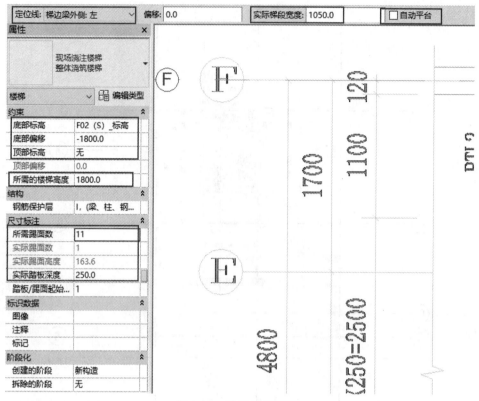

图 8-19　设置楼梯属性

（5）移动光标至楼梯第一踏步最左端端点位置，同时系统提示"端点"时，单击捕捉该端点作为第二梯段位置起点，向下垂直移动光标，当绘制至第十一个踏步时，单击鼠标左键，完成第二梯段绘制，如图 8-20 所示。绘制后梯段如图 8-21 所示。

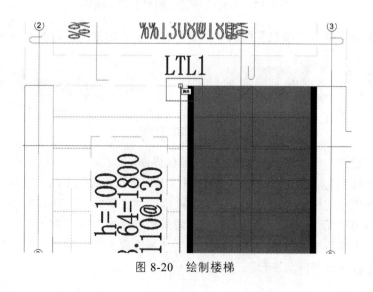

图 8-20　绘制楼梯

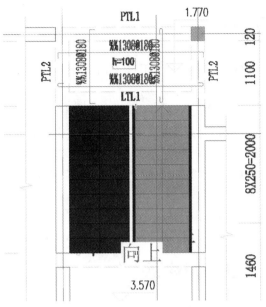

图 8-21　绘制厚梯段示意图

（6）在项目浏览器中双击"剖面（剖面 1）"项下的"A-A"，打开 A-A 剖面视图，选中第二梯段，设置"属性"，在"构造"项下"延伸到踢面底部"由 0.01 为-100，如图 8-22 所示。

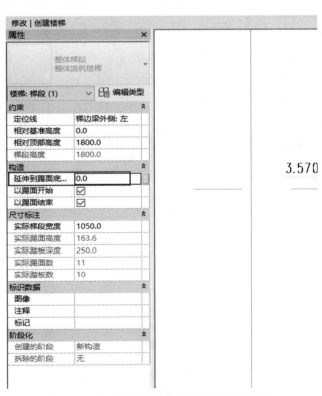

图 8-22　设置楼梯属性"延伸到踢面底部"

（7）单击"完成楼梯"命令，第二梯段绘制完成。

8.4 第三梯段绘制

（1）选中第二梯段，键盘输入快捷键"HH"临时隐藏第二梯段。单击"建筑"→"楼梯"，进入楼梯编辑界面。

（2）设置"楼梯属性"，在"实例属性"中选择"现场浇筑楼梯"下的"整体浇筑楼梯"作为楼梯类型。选择创建"梯段"构件类型，设置楼梯的"底部标高"为"F02（S）_标高"，"顶部标高"为"无"，"所需的楼梯高度"为"1500.0"，"定位线"为"梯边梁外侧：左"，"实际梯段宽度"为"1050.0"，"所需踢面数"为"9"，"实际踏板深度"为"250.0"，取消勾选"自动平台"，如图8-23所示。

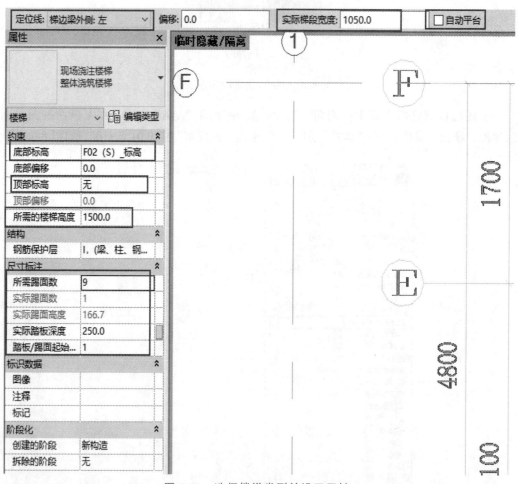

图8-23　选择楼梯类型并设置属性

（3）移动光标至楼梯第一踏步最左端端点位置，同时系统提示"端点"时，单击捕捉该端点作为第三梯段位置起点，向上垂直移动光标，当绘制至第九个踏步时，单击鼠标左键，完成第三梯段。绘制如图8-24所示，绘制完成后梯段如图8-25所示。

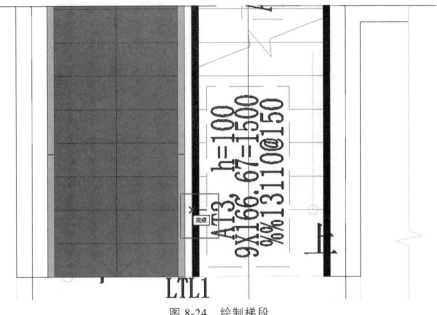

图 8-24　绘制梯段

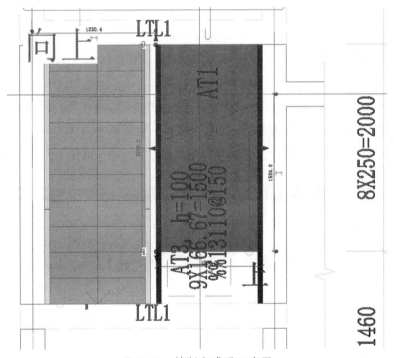

图 8-25　绘制完成后示意图

（4）在项目浏览器中双击"剖面（剖面 1）"项下的"A-A"，打开 A-A 剖面视图，选中第三梯段，设置"属性"，在"构造"项下"延伸到踢面底部"设置为"-100"，单击"完成"。如图 8-26 所示。

（5）完成创建楼梯命令，点击"√"后第三梯段创建完成。

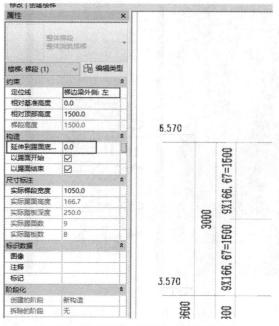

图 8-26　设置属性"延伸到踢面底部"

8.5　第四梯段绘制

在项目浏览器中双击"结构平面"项下的"F03（S）_标高"，打开三层平面视图。

（1）单击"插入"→"导入 CAD"，选择"楼梯三层结构平面图"，勾选"仅当前视图"，"图层/标高" 选择"可见"，"导入单位"选择"毫米"，"定位"选择"手动-中心"，单击"打开"，如图 8-27 所示。

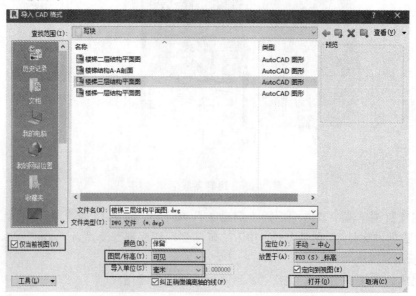

图 8-27　插入楼梯三层结构平面图

（2）在对应平面视图对齐定位图纸，如图 8-28 所示。

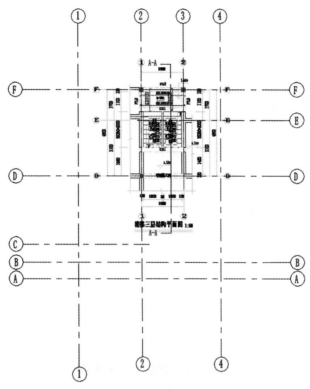

图 8-28　在对应平面视图对齐定位图纸

（3）选中图纸，单击"修改"面板"锁定"命令，锁定图纸，如图 8-29 所示。

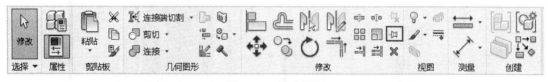

图 8-29　锁定图纸

（4）单击"建筑"→"楼梯"，进入楼梯编辑界面。

（5）设置"楼梯属性"，在"实例属性"中选择"现场浇筑楼梯"下的"整体浇筑楼梯"作为楼梯类型。选择创建"梯段"构件类型，设置楼梯的"底部标高"为"F03（S）_标高"，"底部偏移"为"-1500.0"，"顶部标高"为"无，""所需的楼梯高度"为"1500.0"，"定位线"为"梯边梁外侧：左"，"实际梯段宽度"为"1050.0"，"所需踢面数"为"9"，"实际踏板深度"为"250.0"，取消勾选"自动平台"，如图 8-30 所示。

（6）移动光标至楼梯第一踏步最左端端点位置，同时系统提示"端点"时，单击捕捉该端点作为第四梯段起点，向上垂直移动光标，当绘制至第九个踏步时，单击鼠标左键，完成第四梯段。绘制如图 8-31、图 8-32 所示。

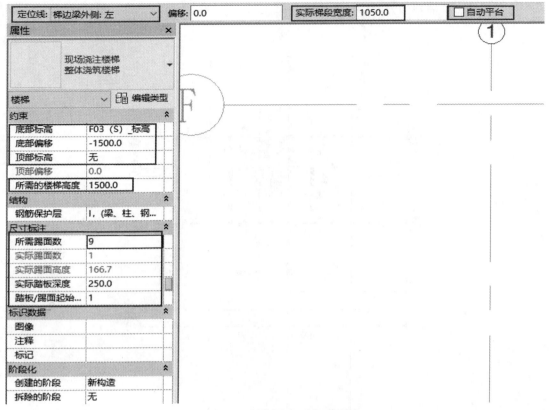

图 8-30 选择楼梯类型修改属性

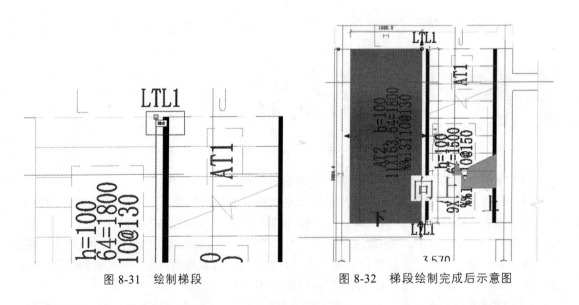

图 8-31 绘制梯段   图 8-32 梯段绘制完成后示意图

（7）在项目浏览器中双击"剖面（剖面 1）"项下的"A-A"，打开 A-A 剖面视图，选中第四梯段，设置"属性"，在"构造"项下"延伸到踢面底部"由 0.0 修改为-100，如图 8-33 所示。

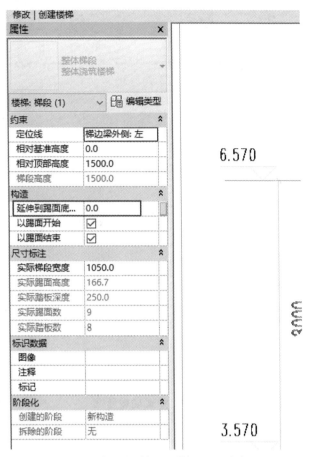

图 8-33 设置属性"延伸到踢面底部"

（8）单击"完成楼梯"命令，第四梯段创建完成。

8.6 平台板绘制

在项目浏览器中双击"结构平面"项下的"F02（S）_标高"，打开二层平面视图。

1. 绘制标高 1.770 处的平台板

（1）单击"结构"→"楼板"项下的"楼板：结构"。

新建平台板类型，设置"楼板属性"，单击"复制"并命名为"PT100"，在"构造"项下"结构"，单击"编辑"设置厚度为"100"。

选择"边界线"→"线"，设置楼板的"标高"为 F02（S）_标高，"自标高的高度偏移"为"-1800.0"，如图 8-34 所示。

（2）移动光标至 PTL1 和 PTL2 梁线相交的内边线，两条梁线亮显，同时系统提示"交点"时，单击捕捉该交点作为楼板绘制起始点，沿着 PTL1，PTL2，LTL1，PTL2 的内边线依次绘制，绘制完成后，单击"完成编辑模式"，如图 8-35 所示。

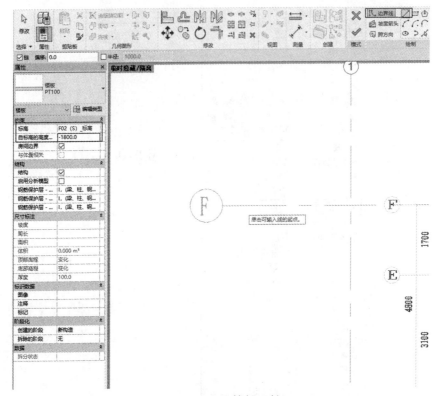

图 8-34 设置楼板属性

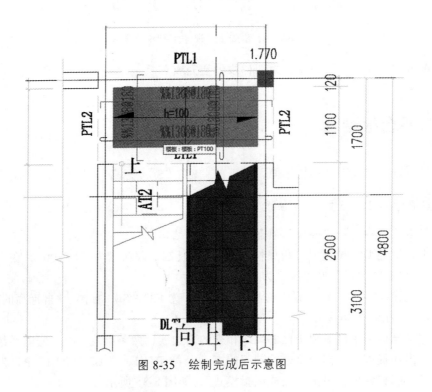

图 8-35 绘制完成后示意图

2. 绘制标高 3.570 处的平台板

（1）单击"结构"→"楼板"项下的"楼板：结构"。

选择"边界线"→"线"，设置楼板的"标高"为 F02（S）_标高，"自标高的底部偏移"为"0"。

移动光标至第二梯段第一踏步最左端，系统提示"端点"时，单击捕捉该端点为楼板绘制起点，向右绘制 1050 mm，再向下绘制至与楼层梁内边线相交，再向左绘制 2160 mm，再垂直向上绘制 720 mm，再向右绘制 1110 mm，再向上绘制 740 mm，如图 8-36 所示。

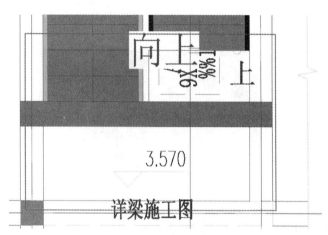

图 8-36　绘制楼板

（2）在项目浏览器中，双击"三维视图"项下的"三维"，打开三维视图，单击"修改"→"连接"项下的"切换连接顺序"，单击上一步绘制的标高 3.570 处的楼板，再单击标高 3.570 处"LTL1"，双击"结构平面"项下的"F02（S）_标高"，打开二层平面视图，如图 8-37 所示。

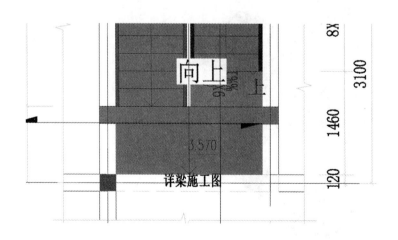

图 8-37　打开二层平面视图

097

8.7 梯梁绘制

（1）单击"结构"→"梁"，进入梁绘制界面。

设置"梁属性"，在"实例属性"中选择"混凝土-矩形梁"下的"LTL1"作为梁类型。

移动光标至 LTL1 外边线最右端，单击捕捉该端点作为绘制起点，沿着 LTL1 图纸定位绘制移动终点，单击鼠标左键，完成梁的绘制。选中"LTL1"，设置"梁属性"，设置"起点标高偏移"为"-1800.0"，"终点标高偏移"为"-1800.0"。单击"修改"→"对齐"，单击 LTL1 梁内边线，再单击"LTL1"内边线。LTDT，PTL1，PTL2 参照上述步骤绘制，结果如图 8-38 所示。

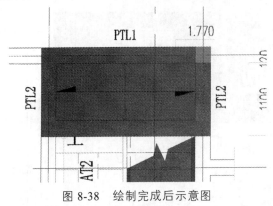

图 8-38　绘制完成后示意图

（2）在项目浏览器中双击"结构平面"项下的"F03（S）_标高"，打开三层平面视图。

楼板参照以上操作流程方式进行绘制：

楼梯部分绘制完成示意图如图 8-39 所示，楼梯剖切示意图及绘制完成后模型示意图如图 8-40、图 8-41 所示，保存文件。

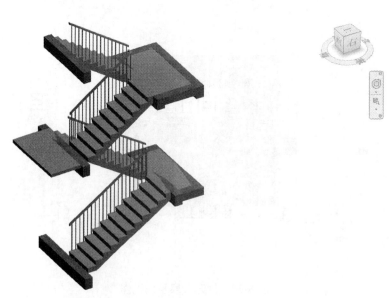

图 8-39　楼梯部分绘制完成示意图

图 8-40　楼梯剖切示意图

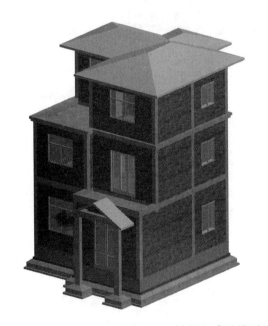

图 8-41　绘制完成后模型示意图

本章介绍两部分内容：模型出图及工程量统计。

9.1 剖面图创建

9.1.1 创建剖面

（1）进入结构平面"F01（S）_标高"视图，单击"视图"→"剖面"命令，在剖面类型中选择"建筑剖面"，并在平面图 2-3 轴之间创建剖面，剖面方向及范围如图 9-1 所示。

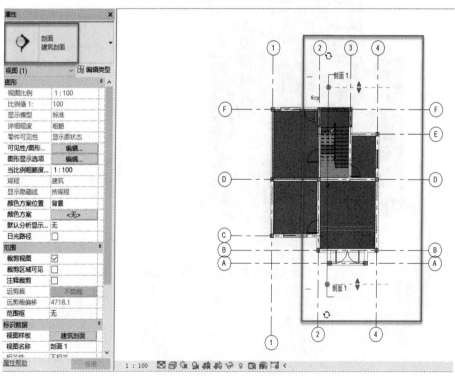

图 9-1　创建剖面示意图

（2）在项目浏览器中找到刚刚创建的剖面1，右击，在弹出的快捷菜单中选择"重命名"，并在弹出的重命名对话框中，将剖面1重命名为"1-1剖面"，如图9-2、图9-3所示。

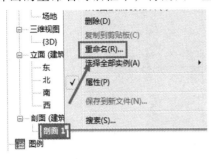
图 9-2　重命名剖面

图 9-3　重命名为 1-1 剖面

（3）双击进入 1-1 剖面视图，单击属性栏中标识数据下的视图样板选项，在弹出的"指定视图样板"对话框中选择"建筑剖面"，如图9-4所示。

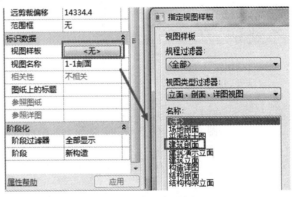
图 9-4　选择"建筑剖面"

（4）在属性栏范围选项中，取消勾选"裁剪区域可见"和"注释裁剪"，如图9-5所示。

9.1.2　剖面标注

（1）单击"注释"→"对齐"命令，在线性尺寸标注类型中选择"对角线-3 mm 固定尺寸"，然后对标高间距及门窗高度进行标注，如图9-6、图9-7所示。

图 9-5　修改属性

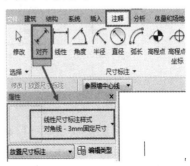
图 9-6　选择尺寸标注类型

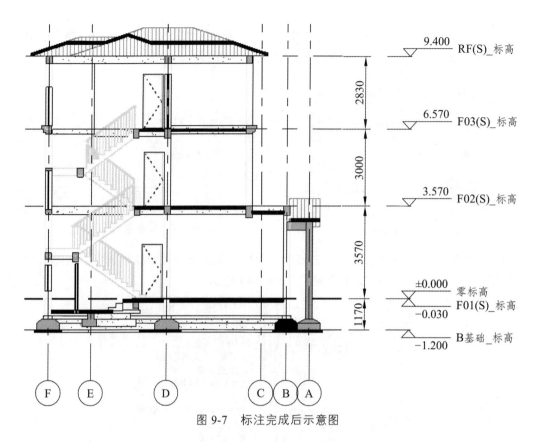

图 9-7　标注完成后示意图

（2）单击"注释"→"高程点"命令，在高程点类型中选择"高程点（相对）"，并取消勾选"引线"，如图 9-8 所示。

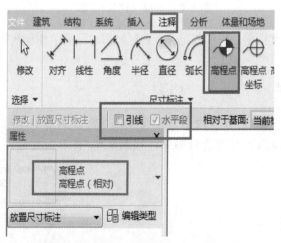

图 9-8　选择"高程点（相对）"

（3）对屋顶底部及楼板顶部进行高程标注，如图 9-9 所示。

（4）在项目浏览器中，展开组下方的详图，单击"图纸名称及比例标注"，将其拖拽到视图中，单击放置于视图正下方，如图 9-10 所示。

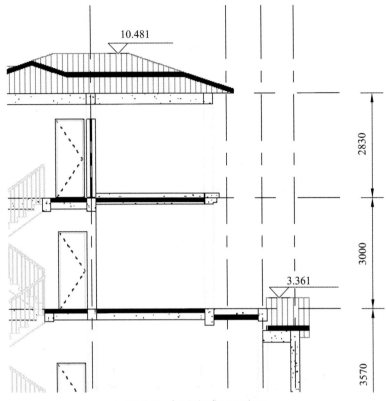

图 9-9　标注完成后示意图

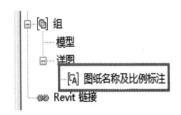

图 9-10　单击"图纸名称及比例标注"

（5）单击选中此详图组，在上下文选项卡中选择"解组"，如图 9-11、图 9-12 所示。

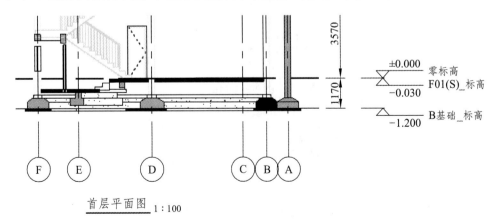

图 9-11　选中详图组

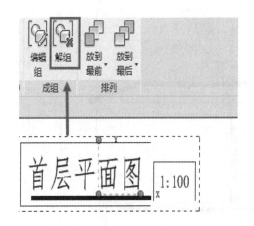

图 9-12　进行解组

（6）单击"首层平面图"，将此文字修改为"1-1 剖面"；然后单击文字下方的粗线，在属性栏中设置其长度值为"35.0"，如图 9-13 所示。

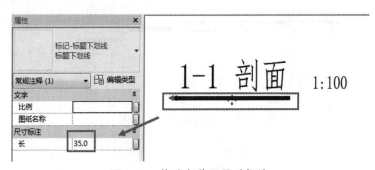

图 9-13　修改名称及尺寸标注

9.1.3　创建图纸并导出

（1）在项目浏览器中，右击"图纸（全部）"，在临时对话框中选择"新建图纸"，如图 9-14 所示。

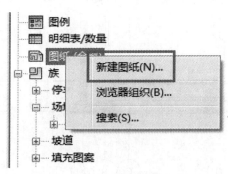

图 9-14　新建图纸

（2）在新建图纸对话框中，在选择标题栏选项中选择"A3 公制：A3"，然后单击"确定"，如图 9-15 所示。

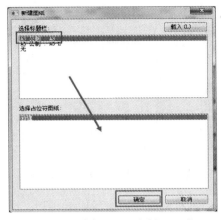

图 9-15 选择"A3 公制：A3"

（3）单击 1-1 剖面，并将其拖拽到图纸当中，注意调整位置使剖面视图在图纸中间位置。完成后单击选择图纸中的视图，在属性栏中将视口类型修改为"无标题"，如图 9-16 所示。

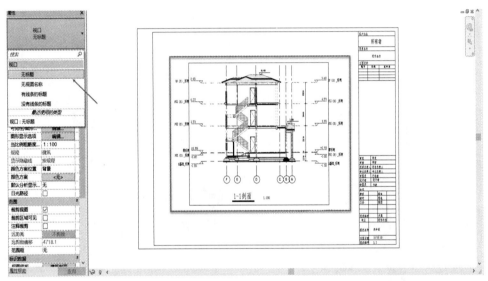

图 9-16 图纸属性设置示意

（4）修改属性栏中图纸命名，设置为"1-1 剖面"，如图 9-17 所示。

审核者	审核者
设计者	设计者
审图员	审图员
绘图员	作者
图纸编号	A301
图纸名称	1-1 剖面
图纸发布日期	07/23/19
显示在图纸列...	☑
图纸上的修订	编辑...

图 9-17 命名图纸

（5）单击"文件"→"导出"→"CAD 格式"→"DWG"，如图 9-18 所示。

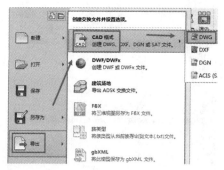

图 9-18　导出 CAD 格式 DWG

（6）在弹出的"DWG 导出"对话框中，按照如图 9-19、图 9-20 所示进行设置，然后将视图导出到指定的文件夹中即可。

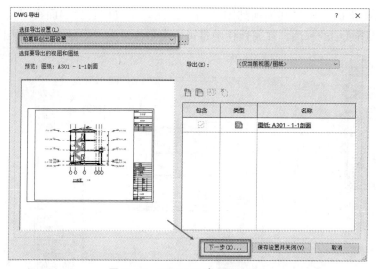

图 9-19　DWG 导出设置界面

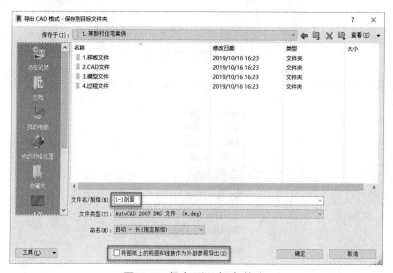

图 9-20　保存到目标文件夹

9.2 工程量统计

（1）在项目浏览器中，右击"明细表（数量）"，选择"新建明细表/数量"，如图 9-21 所示。

（2）在弹出的"新建明细表"对话框中，类别选项选择"门"，然后单击"确定"，如图 9-22 所示。

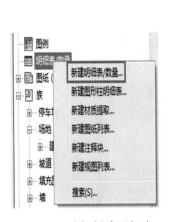

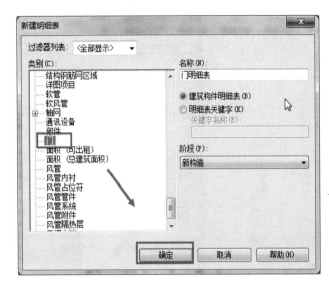

图 9-21　选择新建明细表　　　　　　　图 9-22　选择类别选项"门"

（3）设置字段，将如图 9-23 所示字段从"可用的字段"添加到"明细表字段"中，并按顺序排列。

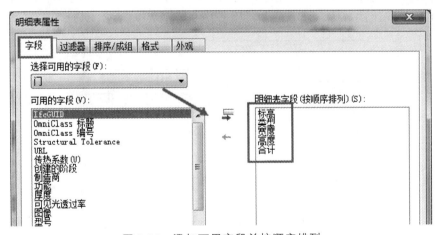

图 9-23　添加可用字段并按顺序排列

（4）选择排序/成组选项，按照如图 9-24 所示进行设置。

（5）选择格式选项，按照图 9-25 所示进行设置。

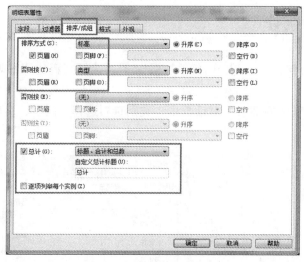

图 9-24　设置明细表属性

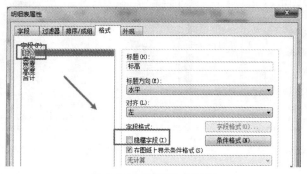

图 9-25　设置格式选项

（6）单击完成明细表即可完成创建，完成后如图 9-26 所示。同理可导出其他构件明细表，实现工程量统计。

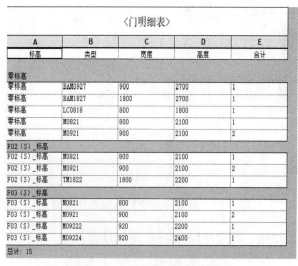

〈门明细表〉				
A	B	C	D	E
标高	类型	宽度	高度	合计
零标高				
零标高	BAM0927	900	2700	1
零标高	BAM1827	1800	2700	1
零标高	LC0818	800	1800	1
零标高	M0821	800	2100	1
零标高	M0921	900	2100	2
F02（S）_标高				
F02（S）_标高	M0821	800	2100	1
F02（S）_标高	M0921	900	2100	2
F02（S）_标高	TM1822	1800	2200	1
F03（S）_标高				
F03（S）_标高	M0821	800	2100	1
F03（S）_标高	M0921	900	2100	2
F03（S）_标高	M09222	920	2200	1
F03（S）_标高	M09224	920	2400	1
总计: 15				

图 9-26　明细表完成后示意图

根据图 9-27、图 9-28、图 9-29 所示，建立小别墅的结构模型，并创建明细表及图纸。具体要求如下：

（1）建立模型轴网、标高，并按照图示进行命名。

（2）建立基础、首层、二层结构模型，以及独立基础、地圈梁配筋模型，包括：建筑墙、基础、圈梁、梁、柱、楼板、屋面等；其中，柱采用 C30 混凝土，独立基础、梁、楼板、屋面采用 C25 混凝土，条形基础采用 MU30 片石和 M10 砂浆砌筑，未标明尺寸与材质不做要求。

（3）统计各构件名称、类型、混凝土和钢筋用量，创建明细表。

（4）创建二层平面图、西立面图和东南视角轴测图，在二层平面图标注梁构件截面尺寸，并将二层平面、西立面、混凝土明细表、轴测图一起放置于一张图纸中。

（5）将结果以"别墅"为文件名保存到考生文件夹中。

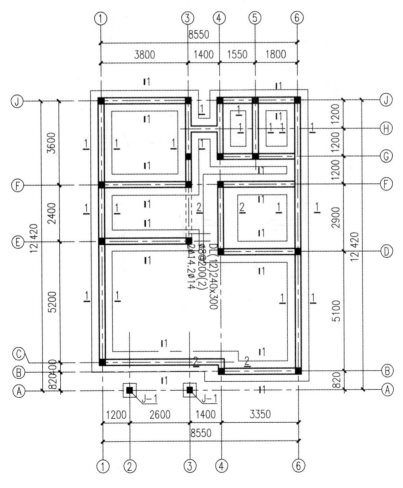

基础平面图 1:100

图 9-27 基础平面图

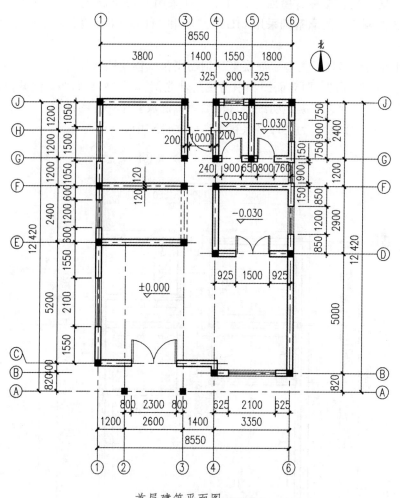

首层建筑平面图 1:100

图 9-28 首层建筑平面图

110

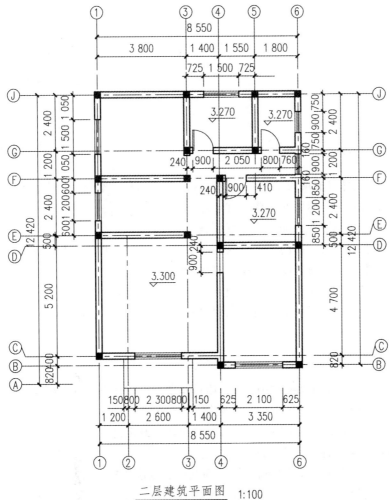

二层建筑平面图 1:100

图 9-29 二层建筑平面图

说明：

（1）未注明部分板厚均为-90 mm，梁截面均取 240 mm 或 300 mm。

（2）除特别标明外，梁中线与轴线对齐，或梁边与端、柱边线对齐，梁面标高与楼板标高一致。

第 10 章 族

10.1 概 念

在 Revit 中，族是组成项目的构件，同时也是参数信息的载体。所有添加到 Revit 项目中的构件，从用于构成建筑模型的结构构件、墙、屋顶、窗和门，到用于记录该模型的详图索引、装置、标记和详图构件，都是使用族创建的。

正因为族概念的引入，我们才可以实现参数化的设计。比如在 Revit 中用户可以通过修改参数而实现修改门窗族的宽度、高度、材质或施工信息等。

也正是因为族的开放性和灵活性，使人们在设计时可以自由定制符合设计需求的注释符号和三维构件族等，从而满足了不同地域建筑师们的应用需求。

10.1.1 术 语

（1）项目：在 Autodesk Revit 2018 中，项目是单个设计信息数据库模型。项目文件包含了建筑的所有设计信息（从几何图形到构造数据），这些信息包括用于设计模型的构件、项目视图和图纸。通过使用单个项目文件，用户可以轻松地修改设计，还可以使修改反映在所有关联区域（如平面视图、立面视图、剖面视图、明细表等）中，仅需跟踪一个文件，方便项目管理。

（2）族类别：族类别是以建筑构件性质为基础，对建筑模型进行归类的一组构件。例如，柱、墙、梁、家具等。

（3）族：族是组成项目的构件，同时也是参数信息的载体。一个族中各个属性对应的数值可能有不同的值，但是属性的设置（其名称与含义）是相同的。例如，"门"作为一个族可以有不同的尺寸和材质。

（4）族类型：族可以有很多类型，这些类型用于表示同一族的不同参数（属性）值。如某个"双扇平开窗.rfa"包含"900 mm × 2100 mm""1200 mm × 1200 mm""1800 mm × 900 mm"（宽×高）三种不同的类型。

（5）族实例：放置在项目中的实际项（单个构件），在建筑（模型实例）或图纸（注释实例）中都有特定的位置，关系如图 10-1 所示。

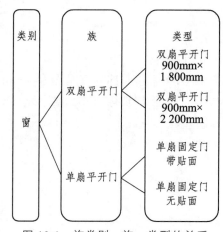

图 10-1 族类别、族、类型的关系

10.1.2 族的分类

（1）根据维度，可分为 2D 族和 3D 族。

2D 族：用于出图的二维表达、文字注释、图框族和轮廓族等。

3D 族：一切具有三维形体的构件族。

（2）根据族使用来源，可分为内建族、系统族和可载入族。

内建族：在当前项目中为专有的特殊构件所创建的族，不需要重复利用，只能存储在当前的项目文件里，不能单独保存为.rfa 文件。

系统族：已经在项目中预定义，并只能在项目中进行创建和修改的族类型，包含基本建筑图元，如墙、屋顶、天花板、楼板以及 MEP 管道、风管、桥架等。此外，标高、轴网、图纸、视口类型的项目和系统设置也是系统族。

可载入族：使用族样板在项目外独立创建的.rfa 文件，可以载入到项目中，具有属性可自定义的特征，因此可载入族是用户最经常创建和修改的族。例如窗、门、橱柜、装置、家具、植物和一些常规自定义的注释图元，例如符号和标题栏等。它们具有高度可自定义的特征，可重复利用。

10.1.3 族的管理

系统族：可以将系统族类型载入到项目样板中，在项目之间对其进行复制和粘贴，或使用"传递项目标准"命令在项目之间传递它们。

可载入族：保存在外部的 .rfa 文件，可以载入到项目中。也可以在项目之间复制和粘贴标准构件族类型。

内建族：如有必要，可以将它们复制和粘贴到其他项目，或将它们作为组保存，并载入到其他项目中运用。

10.1.4 族编辑界面

系统族的设置和内建族的创建均在项目环境中进行，本章主要讲解可载入族应用创建，通过新建族→选择族样板，创建族编辑界面，如图 10-2 所示。

图 10-2 族编辑界面

113

文件：文件选项卡上提供了常用文件操作，例如"新建""打开"和"保存"。另外，选项卡还提供用户使用更高级的工具（如"导出"和"发布"）来管理文件。单击左上角 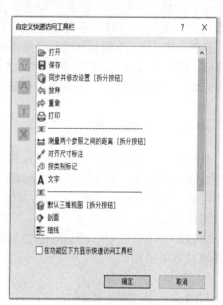"文件"按钮，展开文件菜单。

快速访问工具栏：快速访问工具栏默认放置了一些常用的命令和按钮。单击快速访问工具栏下拉菜单，查看工具栏中的命令，勾选或取消勾选以显示命令或隐藏命令，如图 10-3 所示。单击"自定义快速访问工具栏"选项，在弹出的对话框中对命令进行排序、删除，如图 10-4 所示。

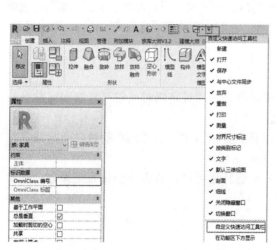

图 10-3　快速访问工具栏界面　　　　　　　图 10-4　自定义快速访问工具栏界面

要想在"快速访问工具栏"中添加命令，可右击功能区的按钮，单击"添加到快速访问工具栏"，如图 10-5 所示。反之，右击"快速访问工具栏"的按钮，单击"从快速访问工具栏中删除"，将该命令从"快速访问工具栏"删除。

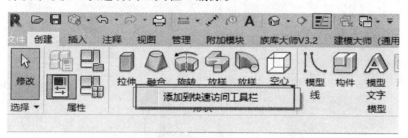

图 10-5　添加或删除"快速访问工具栏"命令

选项卡：用于创建族时执行某种命令的选项，如图 10-6 所示。

信息中心：用户可单击"通信中心"按钮访问产品，也可以单击"收藏夹"按钮访问保存的主题，如图 10-7 所示。

功能区：在创建或打开族文件时会显示，它提供创建族所需的全部工具。调整窗口大小时，功能区中的工具会根据可用空间来自动调整大小。该功能使所有按钮在大多数屏幕尺寸下都如图 10-8 可见。

图 10-6　选项卡界面　　　　　　　　　　　　　　图 10-7　信息中心界面

图 10-8　功能区界面

属性栏：Autodesk Revit 2018 默认将"属性"栏显示在界面左侧，通过"属性"对话框，可以查看和修改图元属性的参数。启动"属性"栏有以下 3 种方式：

（1）单击功能区中的"属性"按钮打开，如图 10-9 所示。

图 10-9　单击功能区中的"属性"按钮打开

（2）单击功能区中"视图"→"用户界面"下拉菜单，勾选"属性"，如图 10-10 所示。

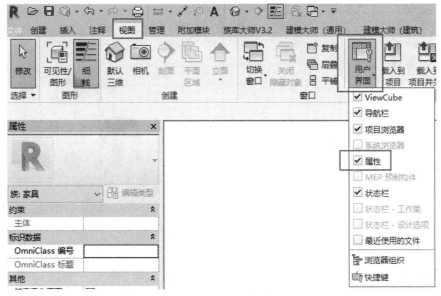

图 10-10　勾选"属性"

115

（3）在绘图区域空白处，右击并单击"属性"，如图 10-11 所示。

图 10-11　单击"属性"菜单项

项目浏览器：用于显示当前项目中所有视图、明细表、图纸、族、组、链接的 Revit 模型和其他部分的逻辑层次。展开和折叠各分支时，将显示下一层项目。同时，通过右击浏览器的相关项，可以进行"复制""删除""重命名"等相关操作。

ViewCube：用户可以利用 ViewCube 旋转或重新定向视图。

导航栏：用于访问导航工具，使用放大、缩小、平移等命令调整窗口中的可视区域。

视图控制栏：视图控制栏位于窗口底部、状态栏上方，可以快速访问影响绘图区域的功能。

绘制区域：双击"项目浏览器"中的视图名称，绘图区域将显示当前族文件的视图（"楼层平面：参照标高""立面：前"及三维视图等），使用快捷键"WT"可以平铺窗口，如图 10-12 所示。

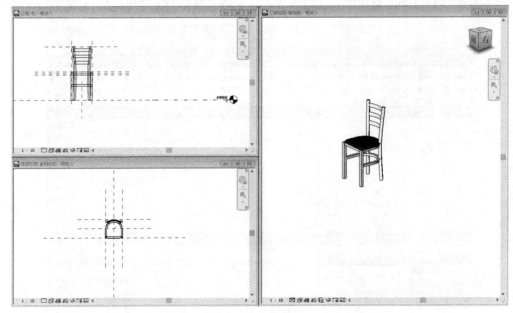

图 10-12　平铺窗口

116

10.2 族基本形体创建

创建族三维模型最常用的命令是创建实体模型和空心模型，熟练掌握这些命令是创建族三维形体的基础。在创建时需要遵循的原则是：任何实体模型和空心模型都必须对齐并锁定在参照平面上，通过在参照平面上标注尺寸来驱动实体的形状改变。

在功能区中的"创建"→"形状"选项栏中，提供了"拉伸""融合""旋转""放样""放样融合""空心形状"等模型创建命令，如图 10-13 所示。

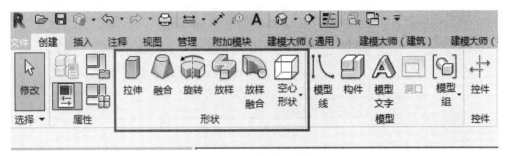

图 10-13　"创建"功能区

下面分别介绍它们的特点和使用方法。

10.2.1　拉　伸

"拉伸"命令是通过绘制一个或多个不相交的封闭轮廓，在绘制轮廓面的法向方向，给予一个拉伸长度来创建形体，其使用方法如下：

（1）单击"创建"→"形状"选项卡，选择"拉伸"命令，激活"修改/创建拉伸"，选择用"圆形"方式在绘图区域绘制，如图 10-14 所示。完成后按"Esc"，完成绘制。

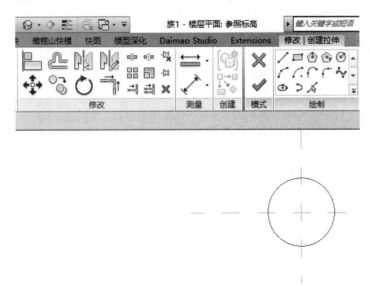

图 10-14　创建拉伸

（2）单击"修改|创建拉伸"选项卡中的 ✔ 按钮，完成这个实体的创建。

（3）如果需要在高度方向上标注尺寸，用户可以在任何一个立面上绘制参照平面，然后将实体的顶面和底面分别锁在两个参照平面上，再在这两个参照平面之间标注尺寸，将尺寸匹配为一个参数，这样就可以通过改变这个数值来改变圆柱体的高度。

对于创建完的任何实体，用户还可以重新编辑。单击想要编辑的实体，然后单击"修改|拉伸"选项卡中的"编辑拉伸"，进入编辑拉伸的界面。用户可以重新绘制拉伸端面，完成修改后单击"完成"按钮，就可以保存如图 10-15 所示的修改，退出编辑拉伸的绘图界面。

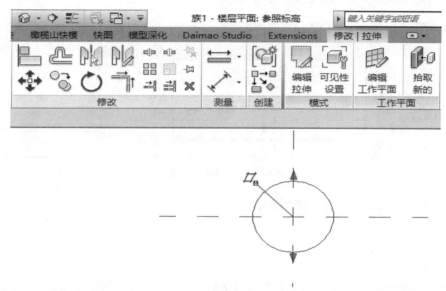

图 10-15　编辑拉伸

案例　书的制作

【案例知识点】

（1）掌握拉伸绘制命名。

（2）了解 Revit 平立面视图空间关系。

（3）掌握材质属性设置。

单击"文件"菜单下拉按钮，选择"新建"→"族"命令，打开"新族-选择样板文件"对话框，选择"公制常规模型.rft"，单击"打开"按钮，如图 10-16、图 10-17 所示。

将"项目浏览器"中的"楼层平面"展开，双击"参照标高"进入参照标高平面，选择"创建"→"基准"→"参照平面"命令，在中心前后平面上方绘制间距为150 mm 的参照平面，如图 10-18 所示。

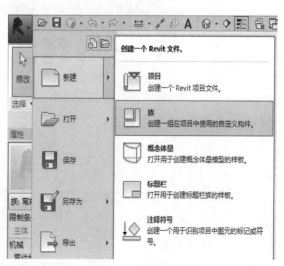

图 10-16　新建族界面

图 10-17　选择界面

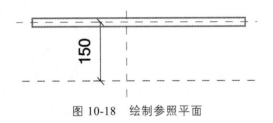

图 10-18　绘制参照平面

　　进入"参照标高"视图，单击"创建"选项卡，选择 "形状"→"拉伸"，进入"修改|创建拉伸"选项卡中，选择 "直线"与"起点-终点-半径"，数据设置和绘制如图 10-19 所示书皮轮廓。绘制完成后单击✔完成拉伸。进入前立面视图，将拉伸构件的高度设置为 250，如图 10-20 所示。

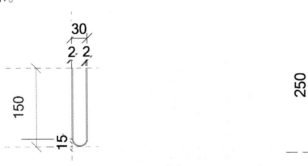

图 10-19　书皮轮廓示意图　　　　　　　　　图 10-20　前立面示意图

　　进入"参照标高"视图，选择"创建"选项卡→"形状"面板→"拉伸"，进入"修改|创建拉伸"选项卡中，选中面板的"拾取线"命令拾取书皮内侧边缘，"起点-终点-半径"绘制如图 10-21 书上部弧线部分，绘制完成后单击✔完成拉伸。进入前立面视图，设置拉伸构件的高度，如图 10-22 所示。

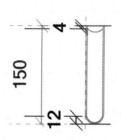

图 10-21　书上部弧线部分示意图

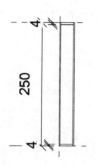

图 10-22　前立面视图

打开三维视图，选择书皮，单击"属性"面板→"材质"栏后面的🔲，如图 10-23 所示，进入材质浏览器，为书皮添加材质。

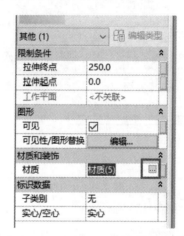

图 10-23　添加材质

同理，为书纸添加材质。

一本书完成之后，可用同样的办法绘制多本书，也可以通过复制命令，将绘制完成的书进行复制，然后为不同的书添加不同的材质，效果如图 10-24 所示。

图 10-24　书族完成后示意图

10.2.2 融　合

"融合"命令可以将两个平行平面上的不同闭合轮廓融合一个形体。其使用方法如下：

单击功能区中"创建"→"形状"→"融合"，默认为"创建融合底部边界"模式，如图 10-25 所示。这时可以绘制底部的融合面形状，这里绘制一个圆。

图 10-25　创建融合命令

单击选项卡中的"编辑顶部"，切换到顶部融合面的绘制，绘制一个六边形。

底部和顶部都绘制完成后，通过单击"编辑顶点"的方式可以编辑各个顶点的整合关系，如图 10-26 所示。

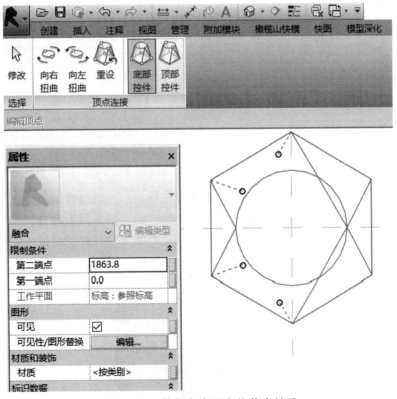

图 10-26　编辑各个顶点的整合关系

单击"修改|编辑融合顶部边界"选项卡中的对号按钮，完成融合建模后的模型，如图 10-27 所示。

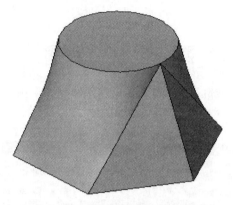

图 10-27　完成融合建模后模型示意图

在使用融合建模的过程中，可能会遇到融合效果不理想的情况，此时可以通过增减数个融合面的顶点数量来控制融合的效果。下面举例说明该技巧的运用方法。

单击功能区"创建"→融合，进入创建融合底部边界。在融合的底部画一个如图 10-28 所示的圆。

单击编辑顶部，在融合的顶部画一个半圆加一个矩形，圆的位置不在矩形的中心，如图 10-29 所示。

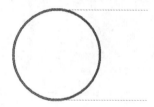

图 10-28　创建融合底部边界

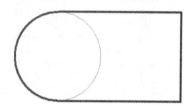

图 10-29　单击编辑顶部

单击"完成"按钮，完成融合。将视图切换成三维视图，可以看到此时所生成的融合体表面并不光滑，出现了形体搅乱的情况，出现这种情况的原因是因为融合顶面和融合底面的图形的顶点数不一样，这时如果将底面的圆形用四段圆弧来代替，就可以达到理想的整合效果，如图 10-30 所示。

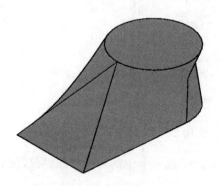

图 10-30　完成后模型示意图

单击刚刚创建的整合体，然后单击"修改|融合"选项卡中的编辑底部，进入编辑融合底部边界模式，编辑界面如图 10-31 所示。单击拆分，将原来的圆分成四段，如图 10-32 所示。

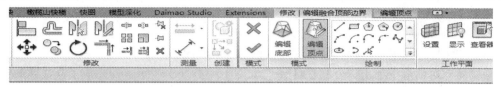

图 10-31 修改|融合选项卡

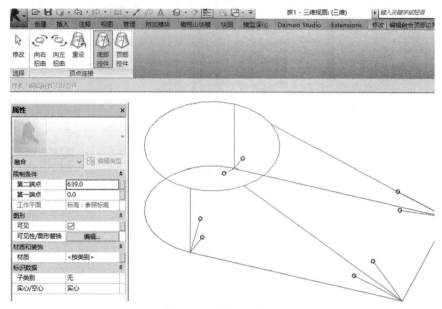

图 10-32 编辑示意图

单击"完成"按钮，完成整合建模。将视图切换成三维视图，这时所生成的整合体表面非常光滑，如图 10-33 所示。

图 10-33 完成后示意图

案例 水杯的制作

【案例知识点】

（1）掌握融合绘制命名。

（2）掌握空心剪切实心方法。

（3）了解 Revit 平立面视图空间关系。

1. 创建族文件

单击"文件"菜单，选择"新建"→"族"，如图 10-34（a）所示。在弹出的"新族-选择样板文件"对话框中单击"公制家具.rft"如图 10-34（b）所示，即完成了族文件的创建。

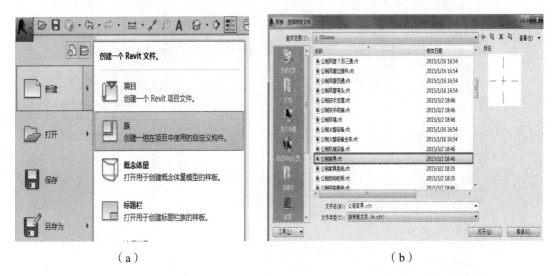

（a）　　　　　　　　　　　　　　　　（b）

图 10-34　新建公制家具

2. 创建平面参照

在项目浏览器中单击楼层平面下方的"参照标高"，右击重命名为"平面"，然后再双击"平面"进入平面视图，如图 10-35、图 10-36 所示。

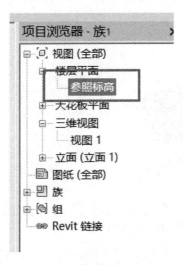

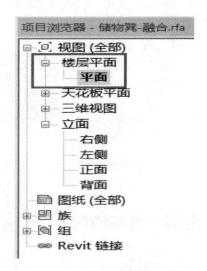

图 10-35　项目浏览器界面　　　　　图 10-36　将参照标高重命名为平面

选择创建选项卡下基准面板中的"参照平面"命令，创建如图 10-37 所示参照。

3. 创建立面参照

在项目浏览器中单击"立面"下方的"前面"进入前立面，绘制如图 10-38 所示参照平面。

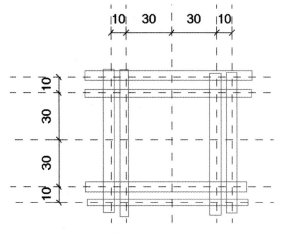

图 10-37　创建参照平面示意图

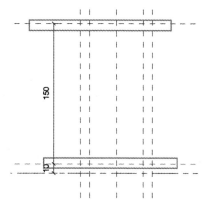

图 10-38　前立面参照平面绘制示意图

4. 创建水杯主体

单击"创建"选项卡下形状面板中的"融合"命令，如图 10-39 所示。

图 10-39　融合命令界面

进入平面视图，创建融合底部轮廓，使用绘制面板中的矩形命令绘制如图 10-40 所示轮廓。通过圆角弧命令修剪其倒角，修剪完成后如图 10-41 所示。

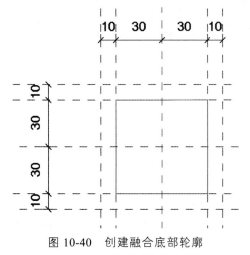

图 10-40　创建融合底部轮廓

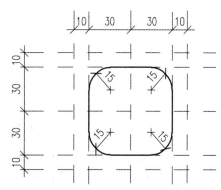

图 10-41　通过圆角弧命令修剪其倒角

完成底部轮廓的创建后单击模式面板中的"编辑顶部"命令创建顶部轮廓，与底部轮廓的创建相同，先使用矩形命令创建一个矩形，再使用圆角弧命令修剪倒角，最终完成绘制后如图 10-42 所示。

单击✔完成编辑，进入项目浏览器中"前立面"，拖拽水杯主体的造型操纵柄使其与参照平面对齐，如图 10-43 所示。

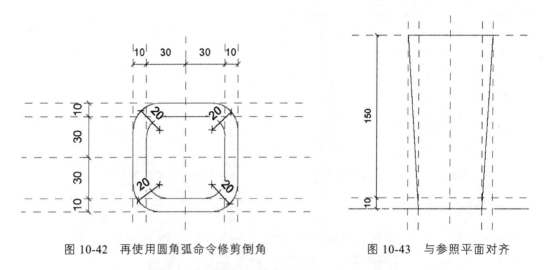

图 10-42　再使用圆角弧命令修剪倒角　　　　图 10-43　与参照平面对齐

单击创建选项卡下形状面板中空心融合命令，如图 10-44 所示。

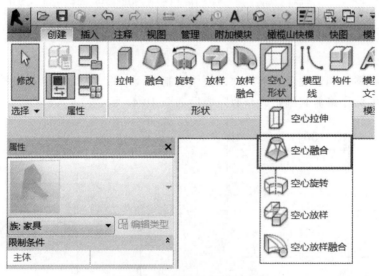

图 10-44　创建空心融合界面

进入平面视图，创建空心融合底部轮廓，使用绘制面板中的"拾取"命令，设置偏移值为 1，绘制如图 10-45 所示轮廓。用同样的方法创建顶部轮廓，绘制完成后如图 10-46所示。

126

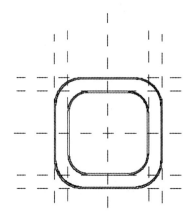

图 10-45　创建空心融合底部轮廓

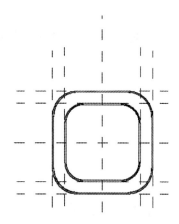

图 10-46　创建空心融合顶部轮廓

进入正立面，将空心融合的底部与如图 10-47 所示参照平面对齐，完成水杯的创建。为水杯加上材质，可以选择透明一点的材质，完成后如图 10-48 所示。

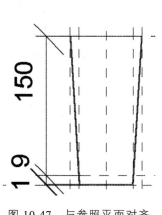

图 10-47　与参照平面对齐

图 10-48　选择材质

10.2.3　旋　转

旋转命令可创建围绕一根轴旋转而成的几何图形，这些图形可以绕一根轴旋转 360°，也可以只旋转 180°或其他任意角度。其使用方法如下：

单击功能区中"创建"→"形状"→"旋转"，出现"修改|创建旋转"选项卡，默认先绘制"边界"，绘制后如图 10-49 所示。原则上可以绘制任意形状，但边界必须是闭合的。

图 10-49　旋转命令绘制边界

单出选项卡中的轴线，在中心的参照平面上绘制一条竖直的轴线，如图 10-50 所示。或使用拾取功能选择已经有的直线作为轴线。

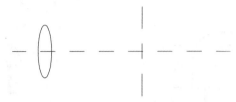

图 10-50　绘制轴线

完成边界线和轴线的绘制后，单击"完成"按钮，完成旋转建模。可以切换到三维视图查看建模的效果，如图 10-51 所示。

用户还可以对已有的旋转实体进行编辑，单击创建好的旋转实体，在属性对话框里，将结束角度修改为 180°，使这个实体如图 10-52 所示，只旋转半个圆。

图 10-51　模型完成后示意图　　　　图 10-52　将结束角度修改为 180°示意图

案例　花瓶的制作

【案例知识点】

掌握旋转绘制命名。

选择族样板：单击"文件"菜单下拉按钮，选择"新建"→"族"命令，打开"新族-选择样板文件"对话框，选择"公制常规模型.rft"，单击"打开"，如图 10-53 所示。

图 10-53　新建公制常规模型

定义参照平面：在项目浏览器中双击鼠标左键选择"参照标高"，选择"创建"选项卡→"基准"面板→"参照平面"命令，绘制两条参照平面，如图 10-54 所示。

用"旋转"命令创建花瓶：在项目浏览器中双击鼠标左键选择"立面-前"。单击"创建"命令下"形状"面板"旋转"命令，进入绘图模式，绘制旋转轮廓，如图 10-55 所示。绘制完轮廓后，单击 ⚙轴线，用"拾取"命令 ，单击中心左右参照平面，点击✔完成绘制，并为完成的花瓶添加材质，如图 10-56 所示。

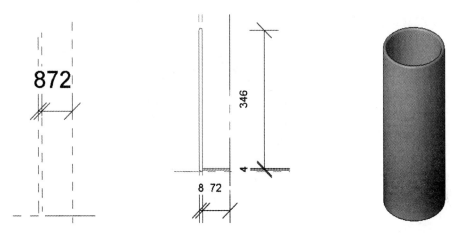

图 10-54　定义参照平面示意图　　图 10-55　绘制旋转轮廓　　图 10-56　为完成的花瓶添加材质

10.2.4　放　样

放样是用于创建需要绘制或应用轮廓并沿路径拉伸轮廓的族的一种建模方式。其运用方法如下：

在楼层平面视图的参照平面工作平面上画一条参照平面。通常可以用选择参照平面的方式来作为放样的路径。

单击功能区中"创建"→"形状"→"放样"，进入放样绘制界面。用户可以使用选项卡中的绘制路径命令画出路径，也可以单击拾取路径，通过选择的方式来定义放样路径。这里单击拾取路径按钮，选择刚绘制的参照平面，单击完成，如图 10-57 所示。

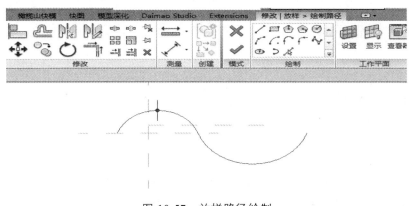

图 10-57　放样路径绘制

单击选项卡中的编辑轮廓，这时会出现。转到视图对话框，选择"立面：右"。单击打开视图，在右立面视图上绘制轮廓线，即任意一个封闭的形状，如图 10-58 所示。

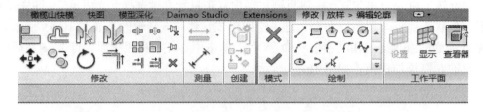

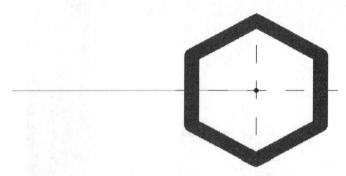

图 10-58　放样轮廓编辑

单击"完成"，完成轮廓，退出编辑轮廓模式。

单击"修改|放样"选项卡中的完成按钮，完成放样，如图 10-59 所示。

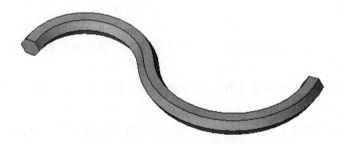

图 10-59　放样绘制完成

案例　相框的制作

【案例知识点】

（1）掌握放样绘制命名。

（2）了解材质贴图设置。

1. 创建族文件

单击"文件"菜单，选择"新建"→"族"，在弹出的"新族-选择样板文件"对话框中单击"公制家具.rft"，完成了族文件的创建，如图 10-60、图 10-61 所示。

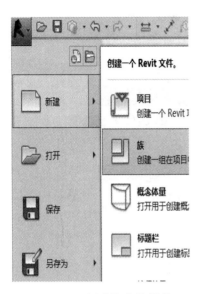

图 10-60　新建族窗体操作　　　　　　　　　　图 10-61　族样板文件选择

2. 创建平面参照

双击项目浏览器中"前"，进入前立面视图，选择创建选项卡下基准面板中的参照平面命令，绘制参照线如图 10-62 所示。

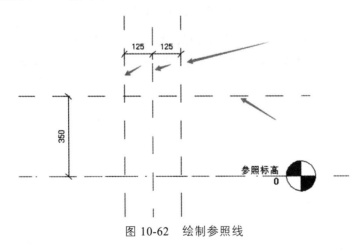

图 10-62　绘制参照线

3. 创建框架

单击创建选项卡下形状面板中"放样"命令，然后选择"修改|放样"选项卡放样面板中的"绘制路径"，单击"矩形"绘制命令，如图 10-63、图 10-64 所示。

在"前"立面绘制放样路径，如图 10-65 所示。

131

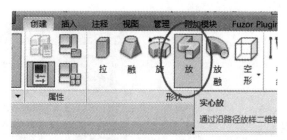

图 10-63　放样命令窗体

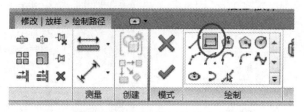

图 10-64　单击矩形绘制命令

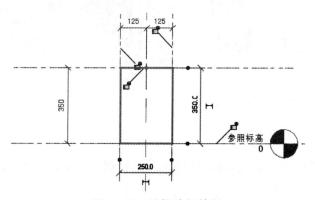

图 10-65　放样路径绘制

　　然后单击"完成编辑模式" ✔，单击放样面板中"编辑轮廓"绘制相框的截面轮廓，弹出"转到视图"对话框，选择"右"点击打开，如图 10-66、图 10-67 所示。

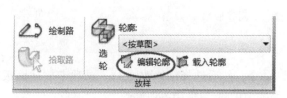

图 10-66　编辑轮廓选择窗体

图 10-67　视图选择

点击"直线"命令，在右立面绘图区域绘制轮廓，具体尺寸如图 10-68 所示。

轮廓绘制完成后，单击"完成编辑模式" ✔️ ，完成轮廓编辑，再次单击 ✔️ ，完成模型编辑，并到三维视图中查看，如图 10-69 所示。

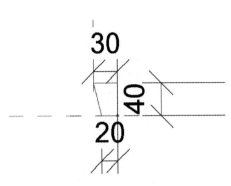

图 10-68　相框轮廓示意

图 10-69　相框模型三维显示

4．创建玻璃

双击"项目浏览器"中的"前"立面，进入前立面视图，单击"创建"选项卡下"拉伸"命令，然后单击"绘制"面板中"矩形"绘制工具（见图 10-70），绘制矩形（见图 10-71），然后单击"完成编辑模式" ✔️ 。

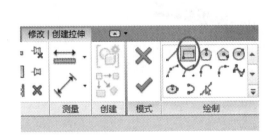

图 10-70　拉伸绘制窗体

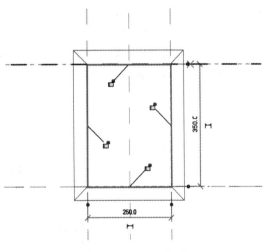

图 10-71　拉伸轮廓

双击"项目浏览器"中"右"立面，选中刚拉伸的照片到指定位置，然后去三维视图查看构件，如图 10-72 所示。

5．添加材质

为创建的相框及玻璃添加材质，完成后如图 10-73 所示。

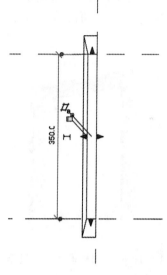

图 10-72　拉伸右立面显示

图 10-73　相框完成后模型三维

10.2.5　放样融合

使用放样融合命令，可以创建具有两个不同轮廓的融合个体，然后沿路径对其进行放样，它的使用方法和放样大致一样，只是可以选择两个轮廓面。

如果在放样融合时选择轮廓族作为放样轮廓，这时选择已经创建好的放榜融合实体，打开属性对话框，通过更改轮廓 1 和轮廓 2 中间的水平轮廓偏移和垂直轮廓偏移，来调整轮廓的放样中心线的偏移量，可实现如图 10-74 所示的偏心放样实例的效果。如果直接在族中绘制轮廓的话，就不能应用这个功能。

图 10-74　放样融合实例三维

案例　椅子的制作

【案例知识点】

掌握放样融合绘制命令。

1. 创建族文件

单击"文件"菜单,选择"新建"→"族",如图 10-75 所示。在弹出的"新族-选择样板文件"对话框中单击"公制家具.rft",完成族文件的创建,如图 10-76 所示。

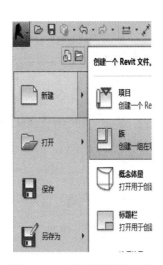

图 10-75 新建族操作窗体   图 10-76 族样板文件选择

2. 创建平面参照

在项目浏览器中单击楼层平面前的加号或者双击展开,然后再双击"参照标高"进入平面视图,选择创建选项卡下基准面板中的参照平面命令,创建如图 10-77 所示参照。

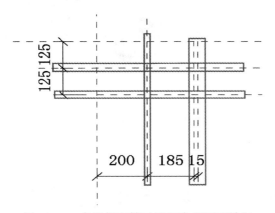

图 10-77 参照标高楼层平面参照平面绘制

3. 创建立面参照

在项目浏览器中单击立面前的加号或者双击展开,然后再双击"前"进入前立面,绘制

135

如图 10-78 所示参照平面。

4. 创建椅子板

在项目浏览器中双击"参照标高"进入平面视图，单击创建选项卡下形状面板中的拉伸命令，使用绘制面板中拾取命令 ✍，设置偏移量为 20，创建如图 10-79 所示拉伸路径，单击 ✅ 完成创建。

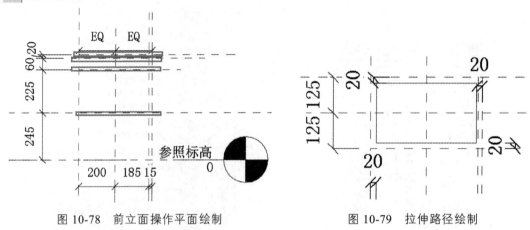

图 10-78　前立面操作平面绘制　　　　　　图 10-79　拉伸路径绘制

转到前立面，拖拽构件的造型操作柄使其与如图 10-80 所示参照平面对齐。

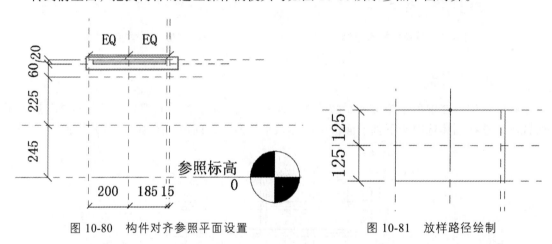

图 10-80　构件对齐参照平面设置　　　　　　图 10-81　放样路径绘制

单击创建选项卡下形状面板中的放样命令，使用拾取命令绘制如图 10-81 所示放样路径。

单击 ✅ 完成放样路径的创建，单击放样面板上的"选择轮廓"，选择"编辑轮廓"命令，如图 10-82 所示。

图 10-82　放样轮廓编辑窗体示意

在弹出的转到视图对话框中选择"立面:右",单击打开视图,进入右立面。

注意:转到视图对话框中出现的不同立面与轮廓平面有关,轮廓平面总是垂直于绘制路径中的线段,有且只有一个,如图 10-83 所示。

图 10-83　视图设置

进入右立面视图后,绘制如图 10-84 所示轮廓。

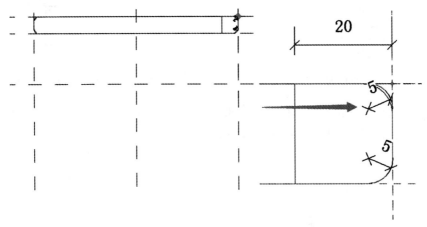

图 10-84　放样轮廓绘制

单击 ✔ 完成放样轮廓的创建,再次单击 ✔ 完成放样。选择刚创建的构件,在弹出的"修改/放样"的上下文选项卡中的几何面板上选择"连接"命令将两构件连接,如图 10-85 所示。

5. 创建椅子腿

单击创建选项卡下形状面板中的放样融合命令,进入前立面绘制如图 10-86 所示放样融合路径。

图 10-85　构件连接后三维显示

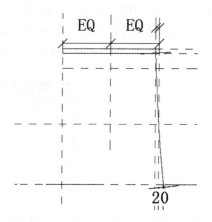

图 10-86　前立面放样融合路径绘制

　　单击 <!--check--> 完成放样融合路径的创建。单击放样融合面板上的"选择轮廓 2"→"编辑轮廓"创建融合底部轮廓，在弹出的"转到视图"对话框中选择"楼层平面：参照标高"绘制如图 10-87 所示轮廓。再次单击 <!--check--> 完成融合底部轮廓编辑。选择放样融合面板上的"选择轮廓 1"→"编辑轮廓"创建融合顶部轮廓，如图 10-88 所示。

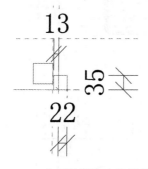

图 10-87　底部放样融合路径绘制

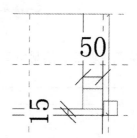

图 10-88　顶部放样融合路径绘制

　　单击 <!--check--> 完成顶融合顶部轮廓的创建，再次单击 <!--check--> 完成放样融合，如图 10-89 所示。通过镜像创建其余三个椅子腿，如图 10-90 所示。

图 10-89　放样融合完成三维

图 10-90　镜像椅子腿后三维

6. 创建椅子装饰构件

单击创建选项卡下形状面板中的拉伸命令,在平面"参照标高"中绘制如图 10-91 所示路径。

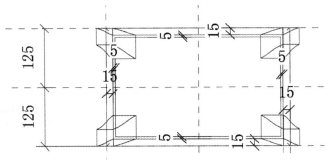

图 10-91 装饰构件路径绘制

单击 ✔ 完成拉伸。转到前立面视图,将刚创建构件与指定参照平面对齐(见图 10-92),并与四根桌腿相连接,完成后模型如图 10-93 所示。

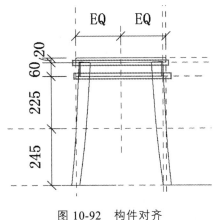

图 10-92 构件对齐

图 10-93 装饰构件完成模型

转到右立面,使用拉伸命令绘制如图 10-94 所示路径。

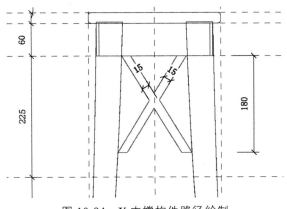

图 10-94 X 支撑构件路径绘制

单击 ✅ 完成拉伸。再次将视图切换到前立面，将刚创建构件拉伸至如图 10-95 所示位置。

通过镜像创建另一端支撑，完成后如图 10-96 所示。

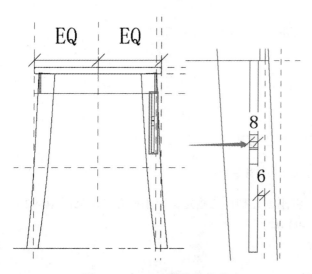

图 10-95　X 支撑构件拉伸　　　　　　　　　图 10-96　X 支撑完成后椅子三维图

转到右立面，使用拉伸命令绘制如图 10-97 所示路径。

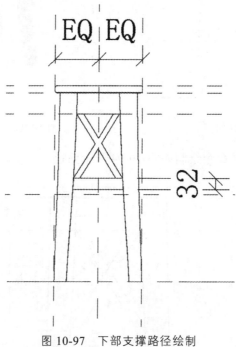

图 10-97　下部支撑路径绘制

单击 ✅ 完成拉伸。再次将视图切换到前立面，将刚创建构件拉伸至如图 10-98 所示位置。通过镜像创建另一端挡板，完成后如图 10-99 所示。

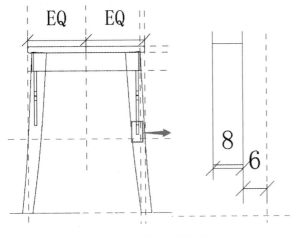

图 10-98　下部支撑拉伸示意

图 10-99　下部支撑完成后椅子三维图

　　使用空心拉伸命令创建如图 10-100 所示拉伸路径,将刚创建的空心图元与四根椅子腿依次剪切,完成后如图 10-101 所示。

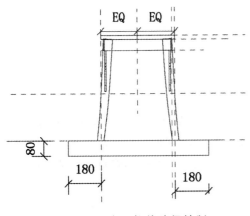

图 10-100　空心拉伸路径绘制

图 10-101　空心拉伸绘制后模型

10.3　族创建基础知识

10.3.1　族样板

　　创建族的模板,文件格式为“.rft”,不同的族样板具有不同的使用功能,如基于墙的族样板,在项目中只能放置在墙主体上,如门、窗、洞口等。

10.3.2　嵌套族

　　当创建一些复制的构件族时,族与族可以相互载入应用,如门把手构件族,可以载入到门族中直接使用。载入的族（门把手）称为子族，被载入的族（门）称为母族。一般情况下，当母族（门）在项目中应用时，子族（把手）不能在项目明细表中单独统计，但勾选了子族（把手）属性"共享"后，当母族（门）在项目中应用时，子族（把手）能在项目明细表中单独统计。

10.3.3 插入点

定义了族在应用环境（项目）中放置时的原点。在族编辑环境下，楼层平面视图中（X/Y值）由两个正交且勾选"定义原点"参数的参照平面确定。在立面视图中（Z值），由默认的参照标高确定，如图 10-102 所示。

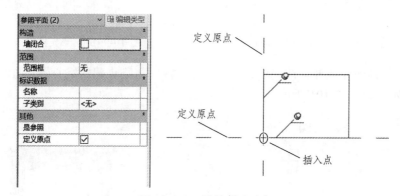

图 10-102　默认插入点

插入点更改：在平面视图中，默认两个正交参照平面为插入点，即该参照平面均勾选"定义原点"参数，选择要更改的参照平面，勾选"属性"→"其他"→"定义原点"参数，勾选后将覆盖原有定义插入点的参照平面，原有定义插入点的参照平面将自动取消勾选"定义原点"参数，如图 10-103 所示。

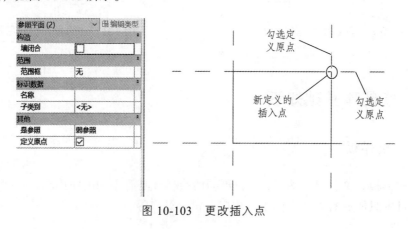

图 10-103　更改插入点

10.3.4 族默认参照标高

构件族默认正负零标高为参照标高，在使用完成的族创建图元时，族的参照标高将指定图元的插入标高，如图 10-104 所示。

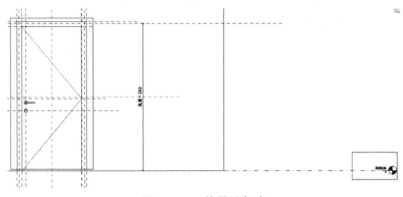

图 10-104　族默认标高

10.3.5　参数类型：族参数、共享参数

（1）族参数：特定于某个族的参数，载入项目文件后，不能出现在明细表或标记中。

（2）共享参数：由"外部.txt"文档创建。如图 10-105 所示，此参数可以由多个项目和族共享，载入项目文件后，可以出现在明细表或标记中。

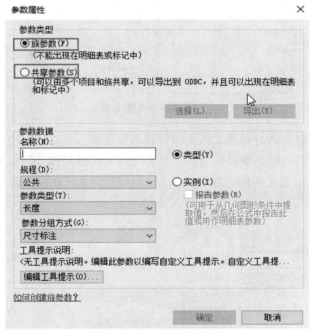

图 10-105　族参数、共享参数设置

10.3.6　参数属性：类型参数、实例参数、报告参数

（1）类型参数：对同类型的个体之间共同的特点进行定义。这样做的好处就是同一个族

的同一类型在项目中多次使用时，类型参数值一旦被修改，所有的类型实例都会相应地改变。如：窗 C-01 的宽度参数为类型参数，在项目中应用了 10 个 C-01 窗，如果更改其中一个窗 C-01 的宽度参数，那么其他所有 C-01 的宽度参数都被更改，具体参数类型如图 10-106 所示。

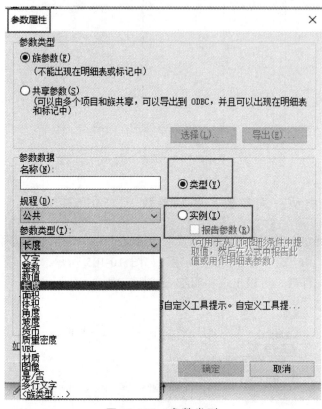

图 10-106　参数类型

（2）实例参数：对实例与实例之间不同特性进行定义。比如同一个族在项目中放置多个实例时，其中一个族的实例参数值被修改，只有当前实例被修改，其他实例的参数值仍保持不变。在族编辑环境中创建实例参数后（见图 10-107），系统在所创建的参数名后自动加上"默认"两字。

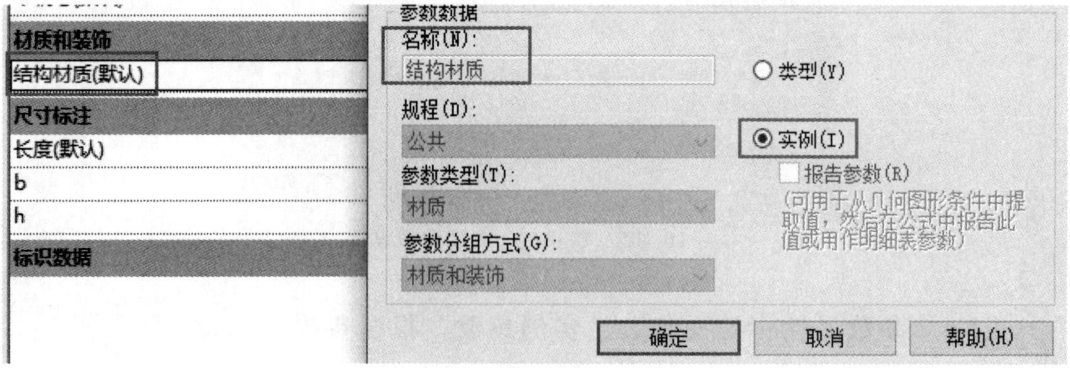

图 10-107　实例参数名称显示

将族载入项目后，实例参数均在"属性"栏，类型参数均在"编辑类型"栏，如图 10-108、图 10-109 所示。

图 10-108　实例参数

图 10-109　类型参数

（3）报告参数：报告参数是实例参数的一种特殊类型，其值由族模型中的特定尺寸标注来确定，报告参数可从几何图形条件中提取值，然后使用它向公式报告数据或用作明细表参数。

10.3.7　造型操纵柄

有些族被载入到项目中后，选择族，会出现两个"三角形"的标记。可以通过拖拽它来调整族的外形大小，这个标记称为族的"造型操纵柄"，如图 10-110 所示。

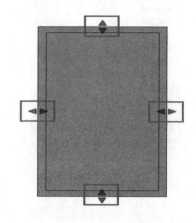

图 10-110　造型操作柄

要使"造型操纵柄"出现，必须同时符合以下两点要求：
（1）族中添加参照线或参照平面，且"是参照"参数设置不能为"非参照"。
（2）该参照线或参照平面添加尺寸标注，并将尺寸标注为实关联参数，且参数属性必须为实例参数。

10.3.8　控　件

创建选项卡中的控件可以添加单项垂直、双向垂直、单项水平、双向水平控件，如图 10-111 所示。创建族时可以根据自己的需要进行控件添加，可以对族进行特定方向的翻转，操作界面如图 10-112 所示。

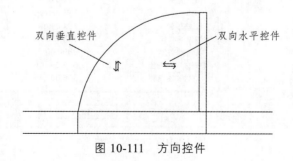

图 10-111　方向控件

146

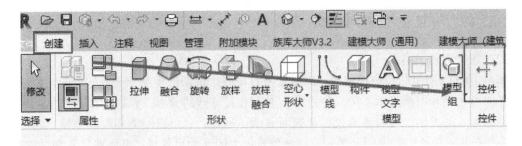

图 10-112　控件添加

10.3.9　清除未使用项

选择"管理"选项卡→"清除未使用项",可移除未使用的视图、族和其他对象,以提高性能,并缩小文件大小,如图 10-113 所示。但在清除未使用项之前,建议备份项目文件。

图 10-113　清除未使用项

10.3.10　可见性/图形替换

选择"属性"→"图形"→"可见性/图形替换",控制组成族的三维实体在载入项目后,各二维视图是否可见,以及在"粗略""中等""精细"详细程度是否可见,如图 10-114 所示。

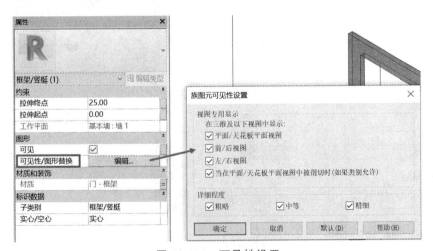

图 10-114　可见性设置

10.3.11 可见性/图形（vv）

控制族类别和子类别

如图 10-115 所示的视图选项卡，控制着项目中各个视图的模型图元、基准图元和视图专有图元的可见性和图形显示。可以替换模型类别和过滤器的截面、投影和表面显示；对于注释类别和导入的类别，可以编辑投影和表面显示；另外，对于模型类别和过滤器，还可以将透明应用于面；还可以指定图元类别、过滤器或单个图元的可见性、半色调显示和详细程度，如图 10-116 所示。

图 10-115　视图选项卡

图 10-116　可设置可见性的构件类型

10.4 族创建流程

1. 前期准备

整理创建族的目的及应用需求，收集相关资料，综合考虑是否应用嵌套族，嵌套族是否勾选共享等。

2. 确定族样板

根据族的使用功能及使用要求，确定族样板，如是否基于主体、与主体的自动剪切关系等。

3. 确定族类别

明确族在项目中的归类以及在明细表中的分类统计特点。

4. 族创建构思

（1）插入点位置确定。

（2）明确族主体与参照标高的关系。如沙发、座椅、茶几等放置在楼板上，故族主体应绘制在参照标高之上；吊灯、支吊架等放置在楼板下，故族主体应绘制在参照标高之下。

5. 参数初步确定

（1）初步确定参数个数，并分别确定参数属性、参数类型、参数分组方式，以及是否用共享参数。

（2）参数添加方式：为后期使用、更改方便，一般规定描述长度、宽度等相关参数统一添加到平面视图，描述高度厚度等相关参数统一添加到前立面视图。非特殊情况，禁止在编辑轮廓界面中添加参数。

（3）参数参变方向：明确长度、高度、厚度、角度等参数参变驱动方向，如沙发、座椅、茶几等放置在楼板上，故族主体厚度、高度等应设置为以参照标高为基准，向上参变；吊灯、支吊架等放置在楼板下，故族主体应设置为以参照标高为基准，向下参变。

（4）参变原则：任何实体模型和空心模型都必须对齐并锁定参照（线）平面，通过参照平面上的尺寸标准，驱动参照平面，从而参变实体形状。

6. 族主体绘制

（1）确定参照平面，定位工作平面：在不同的工作平面绘制形体，确定族在项目中的放置状态。如本章书族案例，在不同的工作平面中绘制书，可以确定书在项目中的不同放置关系。

（2）确定组成族主体的各图形子类别。

7. 参数测试

主体绘制完成并添加参数后，在族类型中设置不同的参数值，测试是否按预设方式参变。

8. 二维表达设置

为满足出图要求，需根据相关制图规范，设置族平、立、剖面二维表达。根据项目需要选择应用详图线还是模型线绘制二维表达。一般情况用详图线绘制，但像弯头、管件等机电族，但有时要求在三维中单线显示，所以其二维表达应用模型线绘制。

9. 图形可见性设置

一般情况下，有平、立、剖面二维表达的对应视图，设置三维形体不可见。根据模型的显示精细程度应用要求，在不同的精细程度（粗略、中等、详细）下对应设置图形可见性。

10. 族类型设置

根据族类型特点选择是在族中创建族类型，还是应用外部.csv 文件创建类型目录；一般情况下当族类型较多且应用频繁时选用创建类型目录的方式创建族类型。

11. 设置参照平面"是参照"参数

为避免不必要的参照平面在项目中被拾取，为避免在项目中出现不必要的造型操纵柄，应把不必要的参照线的"是参照"参数改为"非参照"。

12. 载入项目测试

测试族在项目中的参数是否有效，平、立、剖面表达线型线宽是否符合出图规范且随参数变化，在不同详细程度视图中是否正常显示等。

13. 清除未使用项

设置清除未使用项，将未使用的项删除，减少族文件内存空间。

14. 入　库

将最终完成的族，设置最终保存状态为三维视图最佳轴测图视角，根据族命名标准命名族名称，保存到规定的族库路径入库，流程如图 10-117 所示。

10.5　族创建应用案例

10.5.1　茶几族制作

【案例知识点】
参数添加及参数使用。
族插入点判断及运用。

1. 前期准备

受家具厂家委托，根据厂家设计图，做一个可参变的矩形茶几，厂家设计图如图 10-118 所示。产品型号有 1 500 mm × 800 mm × 400 mm，1 200 mm × 700 mm × 400 mm，1 000 mm × 500 mm × 400 mm：由于茶几构造简单参变容易，不用考虑嵌套族。

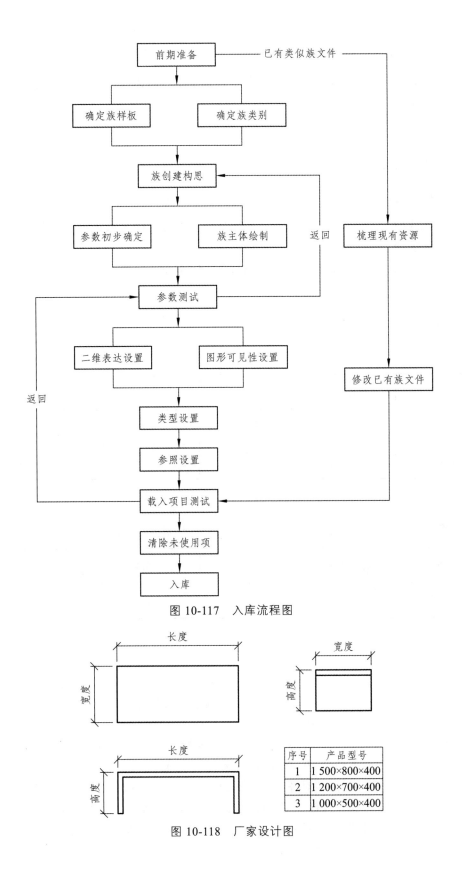

图 10-117　入库流程图

图 10-118　厂家设计图

序号	产品型号
1	1 500×800×400
2	1 200×700×400
3	1 000×500×400

2. 确定族样板

由于对茶几在项目上的放置使用没有什么特殊要求,可以选择"公制常规模型"或"公制家具"族样板。

3. 确定族类别

茶几属于家具类,所以选择族类别为"家具"。

4. 族创建构思

确定茶几族插入点:在平面视图中,以矩形几何中心为插入点,长度、宽度参数以中心为基点向两侧参变。

在前立面视图中,茶几底部与参照标高对齐,向上参变高度。

5. 参数初步确定

初步确定参数,如表10-1所示。

表10-1 参数表

参数名	参数属性	参数类型	参数分组方式	是否用共享参数
长度	类型参数	长度	尺寸标注	否
宽度	类型参数	长度	尺寸标注	否
高度	类型参数	长度	尺寸标注	否
材质	类型参数	材质	材质和装饰	否
制造商	类型参数	文字	标识数据	否
厂家联系方式	类型参数	文字	标识数据	是

6. 族主体绘制

(1)如图10-119所示,选择族样板,单击"文件"下按钮,选择"新建"→"族"命令,打开"新族—选择样板文件"对话框,选择"公制家具",单击"打开",新建族文件,将族另存为"茶几",具体窗格如图10-120所示。

(2)在项目浏览器中,双击楼层平面下的"参照标高",进入平面视图。选择"基准"面板下的"参照平面",绘制如图10-121所示两条参照平面。

单击"注释"选项卡下的"对齐"命令,为刚刚绘制的两条参照平面进行标注,标注完成后,单击标注上方出现的"EQ",将两条参照平面均分,如图10-122所示。

(3)再次使用"注释"→"对齐"命令,对刚刚绘制的参照平面进行标注,然后选择此尺寸标注,在标签栏中选择"添加参数",如图10-123所示。

152

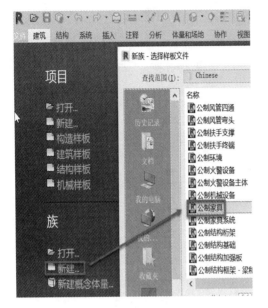

图 10-119　新建族操作示意

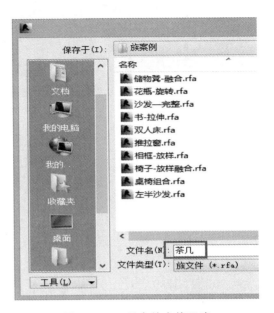

图 10-120　另存族窗格示意

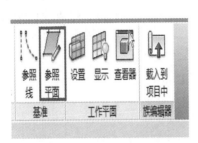

图 10-121　绘制参照平面

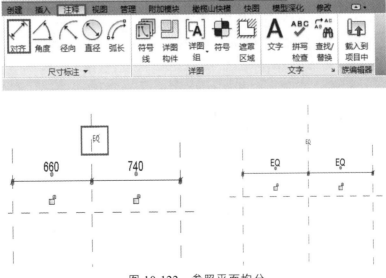

图 10-122　参照平面均分

153

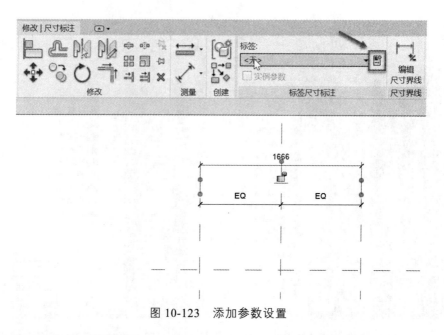

图 10-123　添加参数设置

（4）在弹出的参数属性对话框中，输入参数名称"长度"，选择参数属性为"类型"参数，其余选项不变，单击"确定"完成参数的添加，如图 10-124 所示。

（5）选择刚刚添加的参数，单击参数值，对参数值进行修改，输入"1200"，如图 10-125 所示。

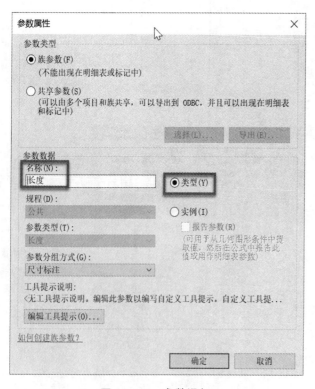

图 10-124　参数添加

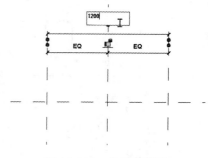

图 10-125　参数值修改

对于修改参数值，还有另一种方式，打开族类型对话框，找到相应的参数，修改参数后面的值，如图 10-126 所示。

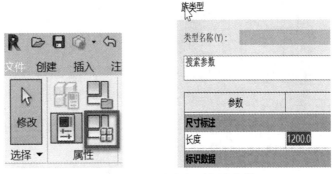

图 10-126　通过族类型修改参数

（6）用同样的方式，在水平方向绘制两条参照平面，对其进行尺寸标注并将其 EQ 均分。添加宽度参数，参数类型为"类型"参数，设置宽度初值为 500，完成后如图 10-127 所示。

（7）双击选择"项目浏览器"→"立面"→"前"立面，进入前立面视图（见图 10-128），在参照标高上方绘制一条参照平面，标注完成后添加类型参数。

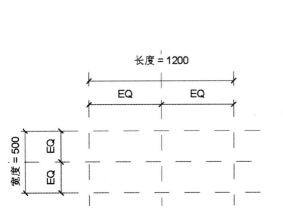

图 10-127　设置参数后平面显示

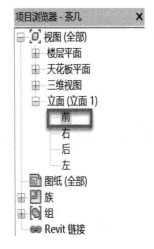

图 10-128　项目浏览器选择立面

然后在该视图（前立面视图）中，绘制三个参照平面并设置初值为 50，如图 10-129 所示。

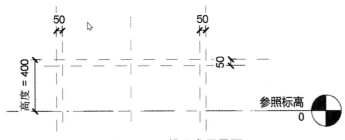

图 10-129　设置参照平面

155

（8）主体绘制。打开前立面视图，单击"创建"选项卡下的"拉伸"命令，进入编辑拉伸界面，如图 10-130 所示。

图 10-130　创建拉伸窗体

运用绘图工具，绘制如图 10-131 所示图形。

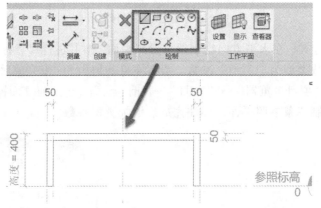

图 10-131　绘制拉伸

选择"修改"→"对齐"命令，先选择被对齐的参照平面，再选择要对齐的边，单击 锁定。锁定的目的是当参数发生改变时，参数驱动参照平面，参照平面约束轮廓边。如图 10-132 所示。

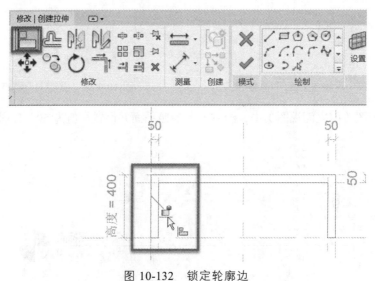

图 10-132　锁定轮廓边

用同样的方法，将其余 7 边分别锁定对应的参照平面，如图 10-133 所示。

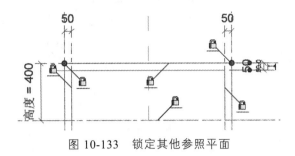

图 10-133　锁定其他参照平面

然后单击✅完成拉伸绘制，在三维视图中如图 10-134 所示。

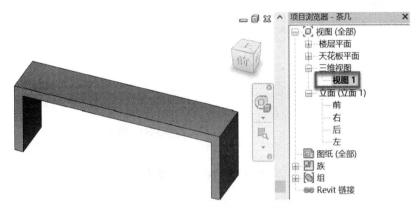

图 10-134　三维视图选择及显示

双击"项目浏览器"→"视图"→"楼层平面"→"参照标高"，进入平面视图中，选择绘制的拉升形体，拖拽造型操作柄（小三角形）至相应的位置，并用对齐命令分别锁定拉伸形体的上下面，如图 10-135 所示。

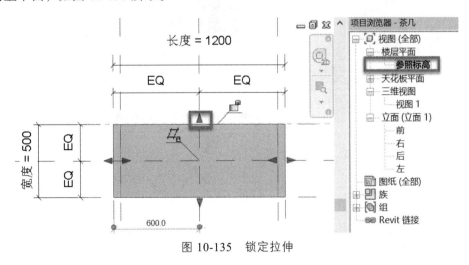

图 10-135　锁定拉伸

（9）材质参数添加。选择"族类型"→"新建参数"，"参数类型"设置为"材质"，参数名称为"茶几材质"，如图 10-136 所示。

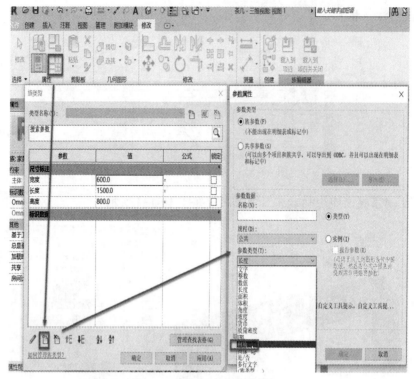

图 10-136　族材质参数添加

（10）材质参数关联：选择茶几图形→"属性"→"材质和装饰"→"材质"→"关联族材质"，选择"茶几材质"参数并单击"确定"，如图 10-137 所示。

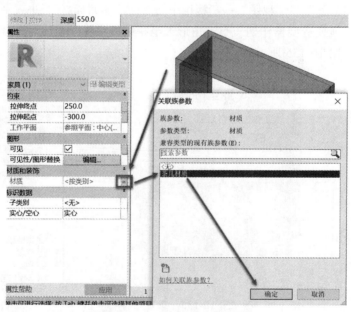

图 10-137　族材质参数关联

（11）创建共享参数并编辑，如图 10-138 所示。

图 10-138　共享参数创建

7. 参数测试

双击"项目浏览器"→"视图"→"三维视图"→"视图 1"进入三维视图窗口，打开"族类型"对话框，分别调整参数"茶几材质""宽度""长度""高度"的值，观察模型是否参变，如图 10-139 所示。

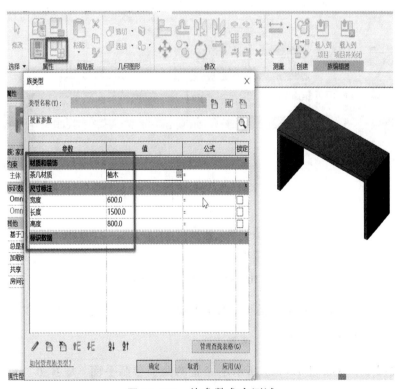

图 10-139　族参数参变测试

8. 二维表达设置

由于茶几族图形简单，由图形形状本身作为平、立、剖面二维表达，故不用单独设置二维表达。

9. 图形可见性设置

同上，不用设置图形可见性。

10. 类型设置

根据厂家提供图纸，产品型号有 1 500 mm × 800 mm × 400 mm，1 200 mm × 700 mm × 400 mm，1 000 mm × 500 mm × 400 mm。由于产品类型少，选择直接通过"族类型"创建类型。

单击"创建"选项卡，对应茶几型号"1500*800*400"设置"族类型"中参数初值，选择"新建类型"，类型名称设置为"1500*800*400"，单击"确定"，如图 10-140 所示。

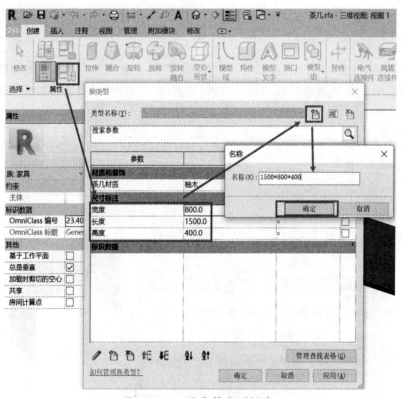

图 10-140　族参数类型新建

用同样的方法，分别创建茶几类型"1200*700*400""1000*500*400"。

11. 设置参照平面"是参照"参数

在平面视图中，将如图 10-141 所示不必要的两个参照平面"是参照"参数设置为"非参照"。

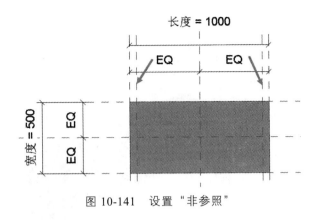

图 10-141 设置"非参照"

12. 子族载入项目测试

将茶几族载入到项目中，测试参数类型及参数是否有效。

13. 清除子族未使用项

单击"管理"选项卡，设置清除未使用项，将未使用的项删除，减少族文件内存空间，如图 10-142 所示。

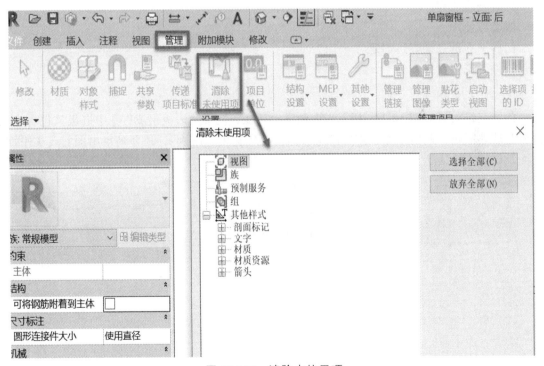

图 10-142 清除未使用项

14. 入 库

在三维视图工作界面中，设置最终保存状态为三维视图最佳轴测图视角，将族另存为"茶几"，保存到规定的族库路径入库，如图 10-143 所示。

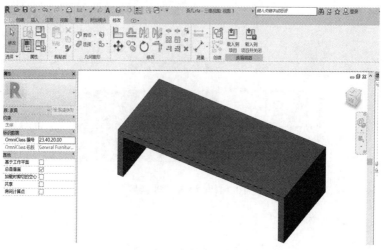
图 10-143　族入库

10.5.2　平开门族案例

【案例知识点】

门族创建流程。

嵌套族使用。

门族平立剖二维表达创建。

构件可见性设置。

1. 前期准备

门族三维效果如图 10-144 所示，由贴面、门框、把手及嵌板组成，其中嵌板又包含木质嵌板与玻璃嵌板。此门族除了需要满足形体参变（宽度与高度），还要满足出图需要（平面、立面及剖面二维表达）。

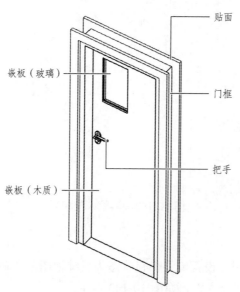
图 10-144　门族三维效果图

2. 确定族样板

门属于特殊构件，创建时选择族样板列表中的"公制门.rft"。

单击"文件"→"新建"→"族"→选取"公制门.rft"族样板，如图 10-145 所示。

完成后将族保存为"单扇平开门.rfa"。

图 10-145　选择族样板

注意：这里族类别默认为"门"，不需要修改。

3. 族创建构思

三维形体根据对门的形状分析，主要由贴面、门框、把手及嵌板四大部分组成。贴面属族样板中自带构件，不需要重新创建；门框与嵌板可以通过拉伸、放样等形体创建命令创建；把手采用嵌套的方式创建，既便于整体控制也便于多次重复使用。

1）创建门框

双击进入楼层平面：参照标高绘制参照平面；选择参照平面，在属性栏中为此参照平面添加名称"框架_左"，如图 10-146 所示。

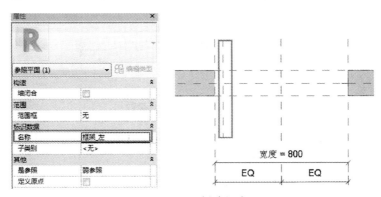

图 10-146　创建门窗

单击"注释"→"对齐尺寸标注",标注"框架_左"参照平面与左侧参照平面的距离,并为此标注添加类型参数"框架宽度",然后将此参数修改为50,如图10-147所示。

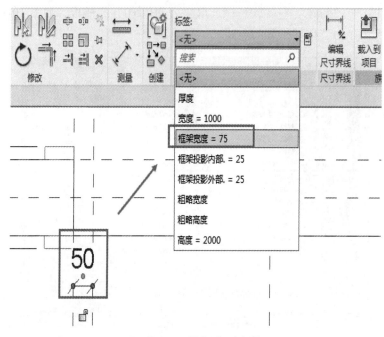

图 10-147 添加类型参数

同理,在门洞右侧绘制参照平面"框架_右"并添加参数"框架宽度",完成后如图10-148所示。

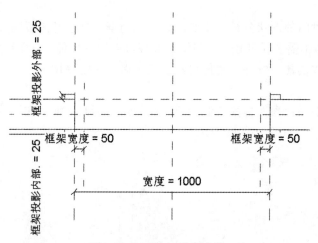

图 10-148 添加类型参数

注意:这里使用的参数"框架宽度"是族样板自带参数。一般情况下,我们要优先使用族样板自带参数。族样板自带参数无法删除。

双击进入"立面:内部",选择创建选项卡下的"放样"命令,然后单击选择"绘制路径",如图10-149所示。

沿着门洞边界线绘制路径线，注意绘制顺序为从左到右。绘制完成后依次将路径线锁定在对应的参照平面上，单击 ✔ 完成放样路径的创建，如图 10-150 所示。

图 10-149　放样路径绘制选项卡

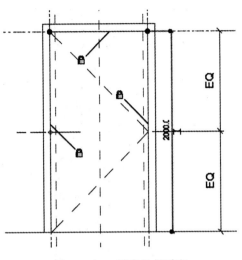

图 10-150　锁定放样路径

在修改上下文选项卡中单击"编辑轮廓"，然后在弹出的"转到视图"对话框中选择"楼层平面：参照标高"，进入编辑轮廓界面，如图 10-151 所示。

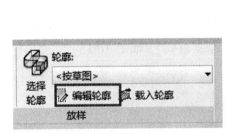

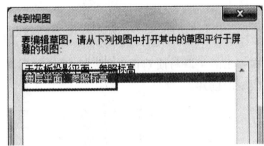

图 10-151　转换视图

绘制轮廓，并将此轮廓四个边与对应的参照平面锁定，如图 10-152 所示。

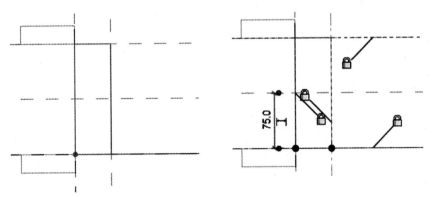

图 10-152　锁定轮廓

两次单击✓完成门框形体的创建。

进入三维界面，选择刚刚创建的门框，在属性栏中选择材质关联符号，如图 10-153 所示。

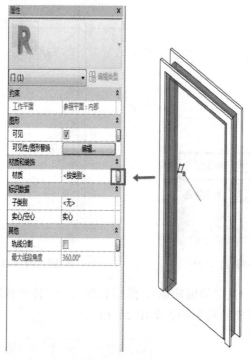

图 10-153　关联材质

在弹出的关联材质对话框中，新添加材质参数"框架材质"，如图 10-154 所示。至此，完成门框的创建。

图 10-154　添加材质参数

2）创建门嵌板

门嵌板分木质嵌板与玻璃嵌板两部分，这里用两个拉伸来实现。

双击进入楼层平面：参照标高，绘制如图 10-155 所示两个参照平面，用于定位门嵌板位置。为绘制的两个参照平面命名，嵌板下边线参照平面命名为"嵌板"，中心参照平面命名为"嵌板中心"。

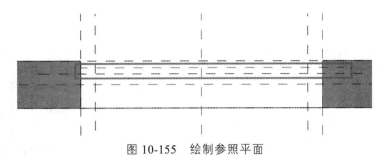

图 10-155　绘制参照平面

添加类型参数"厚度"，并通过 EQ 均分命令定位嵌板中心线，如图 10-156 所示。

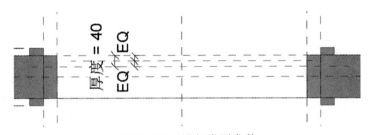

图 10-156　添加类型参数

注意：这里的参数"厚度"是族样板自带参数。

双击进入"立面：外部"，绘制如图 10-157 所示四条参照平面，然后分别对参照平面进行尺寸标注以对其位置进行约束。

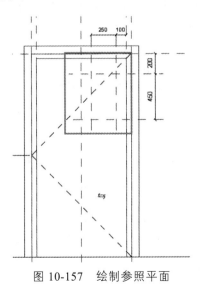

图 10-157　绘制参照平面

167

注意：此处尺寸标注不仅仅只是定位，还对参照平面的位置起约束作用，因此一定要将此标注标出来，不可标完之后删除。

单击"创建"选项卡下的"拉伸"命令，绘制如图 10-158 所示木质嵌板轮廓，并将轮廓边线与对应的参照平面锁定。

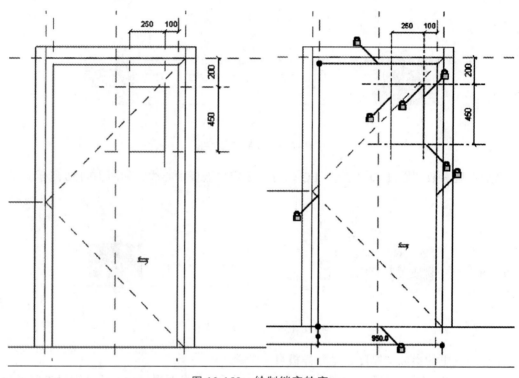

图 10-158　绘制锁定轮廓

单击✔完成木质嵌板的创建。进入楼层平面：参照标高，调整木质嵌板的厚度，使它的两侧分别于厚度参数的两边锁定，如图 10-159 所示。

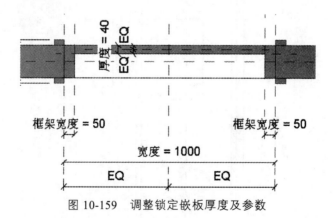

图 10-159　调整锁定嵌板厚度及参数

完成后如效果图 10-160 所示。

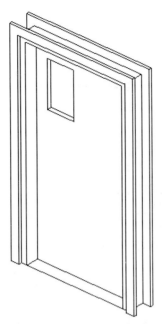

图 10-160　完成的嵌板模型

接下来需要为刚刚创建的木质嵌板附加材质，方法与门框相同。如图 10-161 所示，选择木质嵌板，单击材质关联符号，在弹出的关联材质对话框中，新添加材质参数"门嵌板材质"。

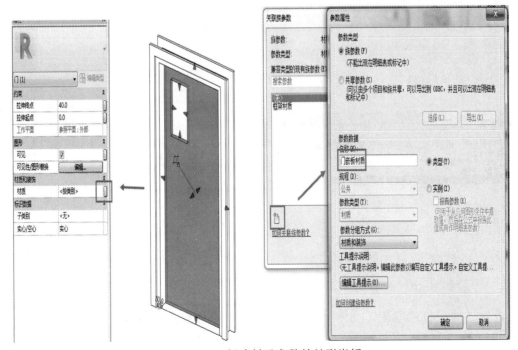

图 10-161　新建材质参数并关联嵌板

通过拉伸创建玻璃嵌板。单击"创建"→"设置"，在弹出的工作平面对话框中，名称项选择"参照平面：嵌板中心"，如图 10-162 所示。

图 10-162 创建工作平面

接下来软件弹出"转到视图"对话框，选择"立面：外部"，如图 10-163 所示。

单击"创建"选项卡下的"拉伸"命令，绘制如图 10-164 所示玻璃嵌板轮廓，并将轮廓边线与对应的参照平面锁定。

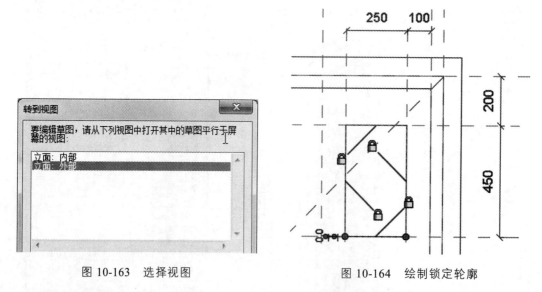

图 10-163 选择视图　　　　　　　　　　　　　　图 10-164 绘制锁定轮廓

设置玻璃嵌板的厚度，如图 10-165 所示，将拉伸终点设置为"-5.0"，拉伸起点设置为"5.0"。

单击 ✔ 完成玻璃嵌板的创建。用同样的方法，为玻璃嵌板关联材质"玻璃"，如图 10-166 所示。

图 10-165　设置玻璃嵌板厚度

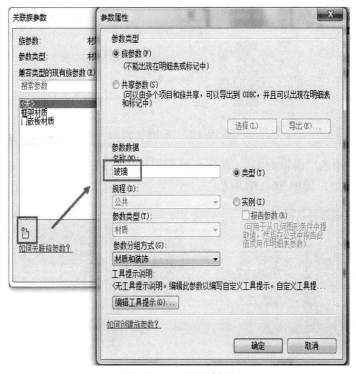

图 10-166　关联材质

至此，门嵌板创建完成。

3）创建门把手

单击"插入"→"载入族"，载入文件包中的族文件"门锁"。载入过后，展开项目浏览器，门锁族在列表中，如图 10-167 所示。

双击进入楼层平面：参照标高，选择门锁类型，并将其拖拽到平面中；通过对齐命令，将门锁中心锁定在嵌板中心线上，如图 10-168 所示。

绘制如图 10-169 所示参照平面，通过尺寸标注对其进行定位。然后将门锁竖直方向锁定在此参照平面上，完成对门锁平面的定位。

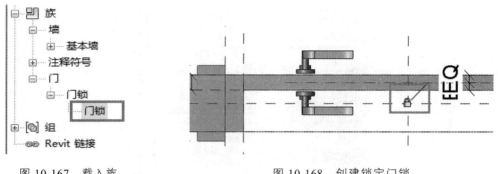

图 10-167　载入族　　　　　　　　　　图 10-168　创建锁定门锁

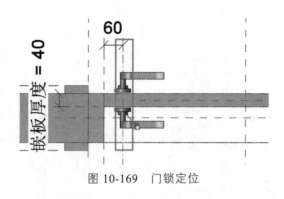

图 10-169　门锁定位

选择门锁族，单击"编辑类型"，在弹出的类型属性对话框中，将把手材质参数关联到本族的把手材质参数中，如图 10-170 所示。

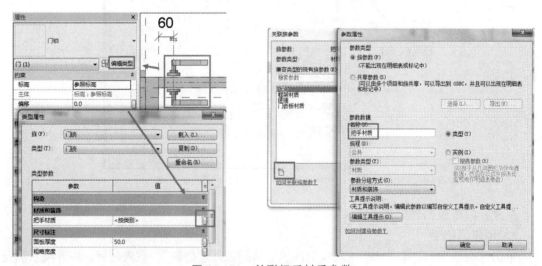

图 10-170　关联把手材质参数

用同样的方法，将门锁的"面板材质"参数与"厚度"参数关联，如图 10-171 所示。

最后来设置门锁的高度。如图 10-172 所示，选择门锁后，将其属性栏中的"偏移"设置为"1100.0"，这样就固定了门锁的高度。

完成后效果如图 10-173 所示。

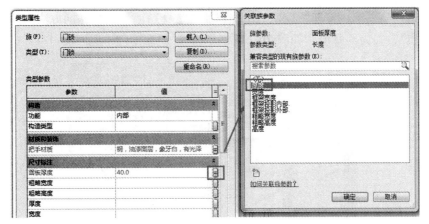

图 10-171　关联面板材质参数

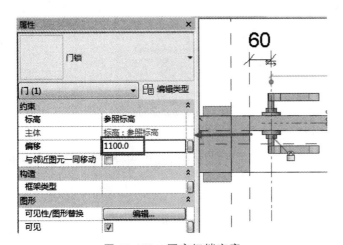

图 10-172　固定门锁高度

图 10-173　把手绘制完成后模型

打开族类型对话框，为添加的材质参数赋值，如图 10-174 所示。

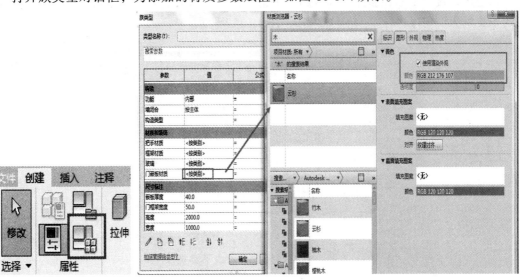

图 10-174　材质参数赋值

将视图切换到三维，发现贴面没有附加材质。选择贴面，用同样的方法为其关联材质参数"贴面材质"，并为其赋值，如图 10-175 所示。

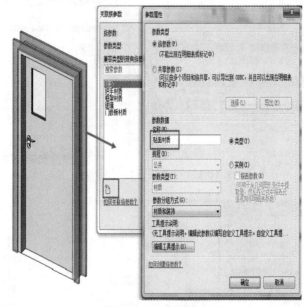

图 10-175　关联材质参数

至此，完成了单扇平开门主体模型的创建。通过修改参数值来测试门族是否会按照规划的方式进行参变。

4. 创建二维表达

单扇平开门的二维表达包含平面表达、立面表达及剖面表达三部分。

1）平面二维表达

双击进入楼层平面，参照标高视图，单击"注释"选项卡→"符号线"命令，设置符号线的子类别为"门[截面]"，如图 10-176，图 10-177 所示。

图 10-176　注释选择界面

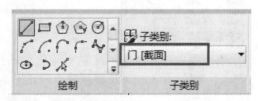

图 10-177　设置符号线子类别

绘制如图 10-178 所示符号线，添加参数。

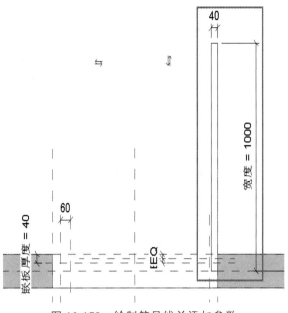

图 10-178 绘制符号线并添加参数

注意：此处宽度参数为已有参数，添加时从参数下拉菜单中选择即可，不需要重新添加。

在绘制面板选择"圆心端点弧"，子类别选择"门[截面]"，如图 10-179 所示。

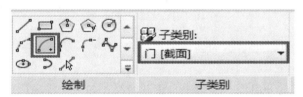

图 10-179 设置绘制类型

按照图 10-180 所示顺序，依次捕捉三个端点，完成弧线的创建。

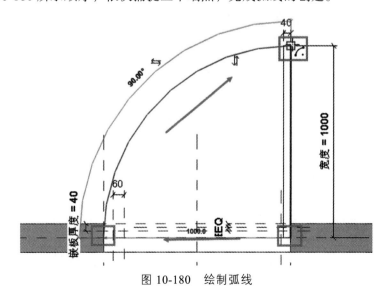

图 10-180 绘制弧线

175

单击"注释"选项卡→"遮罩区域"命令，绘制工具选择"矩形"，子类别选择"不可见线"，如图 10-181 所示。沿着门洞边线，绘制矩形填充区域，边线与对应的参照平面锁定。

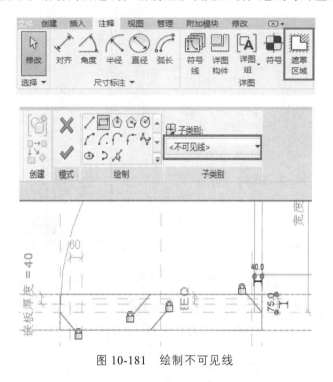

图 10-181 绘制不可见线

至此，完成门族平面二维表达的创建。

2）立面二维表达

立面主要是绘制门的开启线。样板中自带开启线，如果是单扇门可以直接用，如果是双扇门，需要根据门的情况重新绘制。绘制时主要线的子类别要选择"立面打开方向（投影）"，如图 10-182 所示，这里就不需要重新绘制了。

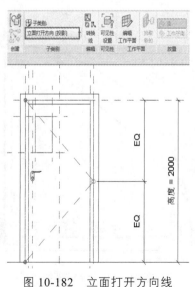

图 10-182 立面打开方向线

3）剖面二维表达

单击"管理"选项卡→"对象样式"命令，在弹出的对象样式对话框中，新建子类别"剖面打开方向"，子类别属于"门"，如图 10-183 所示。

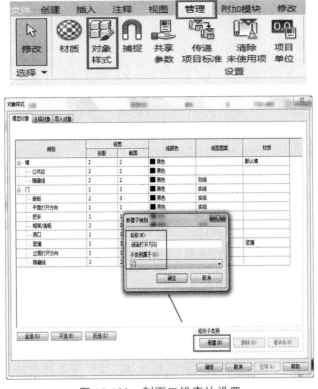

图 10-183　剖面二维表达设置

双击进入立面：右，单击"注释"选项卡→"符号线"命令，子类别选择"剖面打开方向（截面）"绘制四根竖直符号线，两侧的符号线分别与墙边线对齐，中间两根符号线按照图 10-184 所示进行定位。

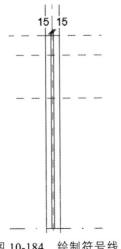

图 10-184　绘制符号线

绘制剖面的遮罩区域。单击"注释"选项卡→"遮罩区域"命令，绘制工具选择"矩形"，子类别选择"不可见线"，如图 10-185 所示。绘制矩形填充区域，边线与对应的参照平面锁定。

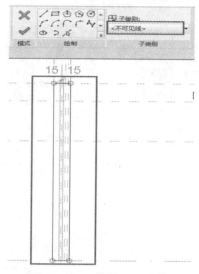

图 10-185　绘制不可见线

至此，完成剖面二维表达的创建。

5. 可见性设置

下面设置门族各个构件在不同类型视图下的显示。

如图 10-186、图 10-187 所示，同时选择贴面和门锁，单击属性栏中的"可见性/图形替换"，设置构件在"平面/天花板平面视图""粗略"及"中等"模式下不可见。

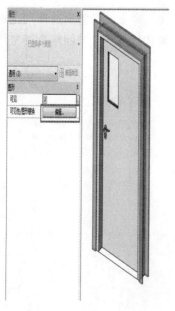

图 10-186　可见性控制按钮

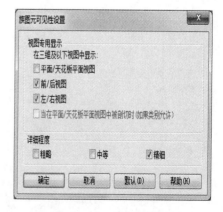

图 10-187　可见性设置

如图 10-188、图 10-189 所示，同时选择木质嵌板和玻璃嵌板，单击属性栏中的"可见性/图形替换"，设置构件在"平面/天花板平面视图""当在平面/天花板平面视图中被剖切时（如果类别允许）"模式下不可见。

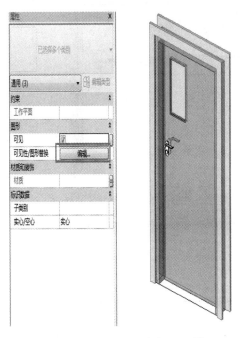

图 10-188　设置嵌板可见性

图 10-189　设置可见视图

完成三维构件可见性设置之后，接着设置符号线的可见性。

双击进入楼层平面：参照标高视图，通过过滤器选择所有的"线（门）"和"详图详图"并设置可见性，如图 10-190、图 10-191 所示。

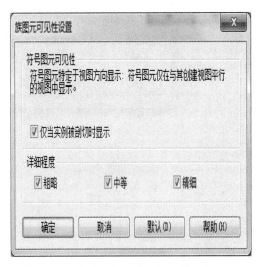

图 10-190　过滤器选择

图 10-191　可见性设置

双击进入立面：内部，框选所有的符号线并设置可见性，如图 10-192 所示。

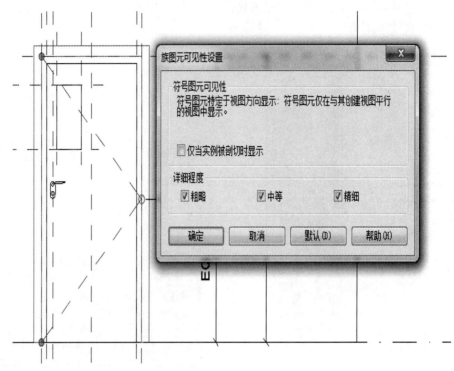

图 10-192　图元可见性设置

双击进入立面：右，框选所有的符号线并设置可见性，如图 10-193 所示。

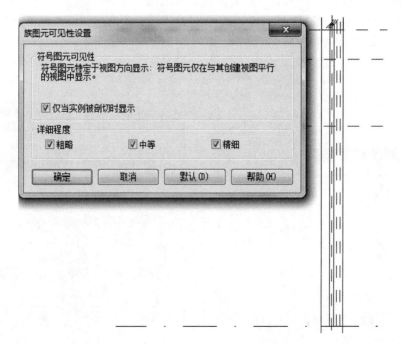

图 10-193　符号线可见性设置

至此，完成对族中所有构件的可见性设置。

6. 类型设置

打开族类型对话框，创建类型"M0821"，如图 10-194 所示。

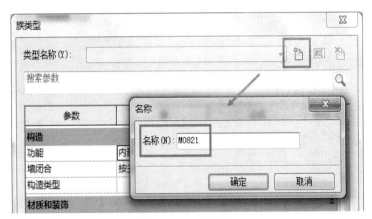

图 10-194　创建族

设置宽度、高度参数，如图 10-195 所示。可以通过上下移动参数来调整参数的位置。

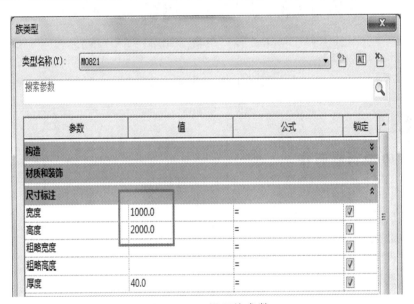

图 10-195　设置族参数

7. 其他设置

保留族样板中已有的参照平面的"是参照"属性，其余新建参照平面的"是参照"均设置为"非参照"，如图 10-196 所示。

所有"符号线"的"参照"均设置为"非参照"，如图 10-197 所示。

单击"管理"选项卡→"清除未使用项"命令，清空族中没有使用的多余的构件，如图 10-198 所示。

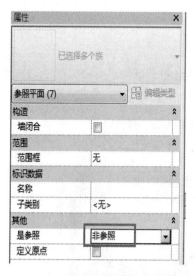

图 10-196　更改参照平面参照属性

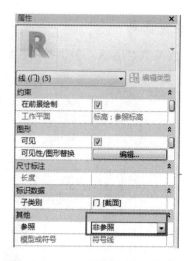

图 10-197　更改符号线参照属性

图 10-198　清除未使用项

保存视图。

10.5.3　万能窗族制作

【案例知识点】
嵌套族的应用。
嵌套族参数关联。
图形可见性参数控制应用。
造型操作柄制作与应用。

1. 前期准备

房建项目中,门窗构件必不可少,其中窗构件族除窗框数量、尺寸大小和开启方向不同之外,整体样式基本相同。可以通过创建一组高度可参变的万能窗族模板,快速创建项目所需用窗。

创建目的:制作一组万能窗,通过组合,快速建立项目门窗表中所需的窗族,满足设计、出图、算量要求。

将单扇窗框作为嵌套子族,通过单扇窗框及开启方向的组合,最终快速实现不同要求的窗族。子族不用共享。

2. 确定族样板

窗框子族选择常规模型族样板，窗母族选择公制窗族样板。

3. 确定族类别

设置窗框子族族类别为窗。

4. 窗框子族创建构思

（1）插入点为默认值。
（2）宽度和高度均用造型操作柄控制，快速对齐锁定。

5. 窗框子族参数初步确定

初步确定参数如表 10-2 所示。

表 10-2　窗框子族参数

参 数 名	参数属性	参数类型	参数分组方式	是否用共享参数
宽度	实例参数	长度	尺寸标注	否
高度	实例参数	长度	尺寸标注	否
窗框宽度	类型参数	长度	尺寸标注	否
窗框厚度	类型参数	长度	尺寸标注	否
嵌板厚度	类型参数	长度	尺寸标注	否
窗框材质	类型参数	材质	材质和装饰	否
嵌板材质	类型参数	材质	材质和装饰	否
开启方向系列参数	实例参数	是/否	其他	否

6. 窗框子族主体绘制

选择"文件"→"新建"→"族"→"公制常规模型"（见图 10-199），另存为"单扇窗框.rfa"并设置族类别为"窗"。

图 10-199　创建窗框族

在楼层平面视图中，绘制参照平面并添加尺寸标注，如图 10-200 所示。

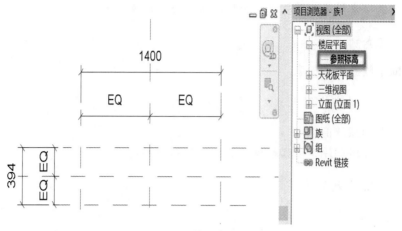

图 10-200　绘制参照平面

选 1400 尺寸标注，关联"窗类别"自带"宽度"参数，如图 10-201 所示。

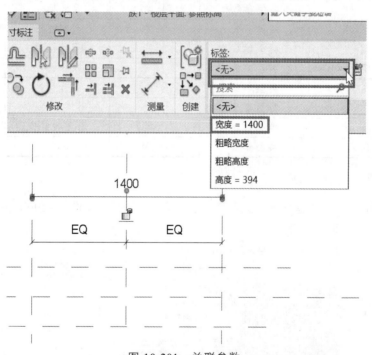

图 10-201　关联参数

在绘图区域选择"宽度"参数，勾选"标签尺寸标注"→"实例参数"，将自带的"宽度"参数更改为实例参数，如图 10-202 所示。

注意：自带"长度""宽度"参数为类型参数，修改为实例参数只能通过以上方法实现。

添加"窗框宽度"参数，并关联对应尺寸标注，如图 10-203 所示。

设置"窗框宽度"参数初始值为 50，"宽度"参数初始值为 800，如图 10-204 所示。

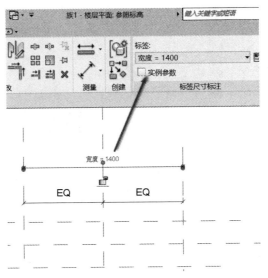

图 10-202 更改参数类型

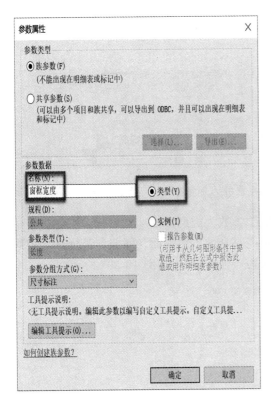

图 10-203 添加关联"窗框宽度"参数

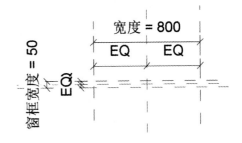

图 10-204 设置参数数值

分别设置"宽度"参数约束的两个参照平面,"属性"→"其他"→"是参照"值为"强参照",如图 10-205 所示。

用同样的方法,在前立面视图绘制如图 10-206 所示的参照平面并添加"窗框高度""窗框厚度"参数。

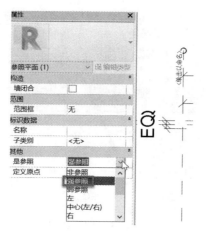

图 10-205　设置参照平面

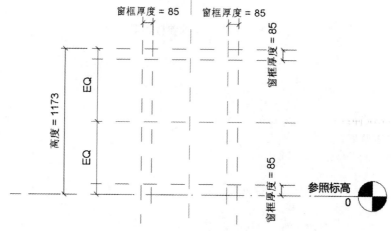

图 10-206　绘制参照平面并添加参数

　　注意："高度"参数为实例参数，"窗框厚度"参数为类型参数。

　　标注高度尺寸注释时，一定要拾取与参照标高重合的参照平面，而非参照标高。用同样的方法，设置"高度"参数约束的两个参照平面为"强参照"，如图 10-207 所示。

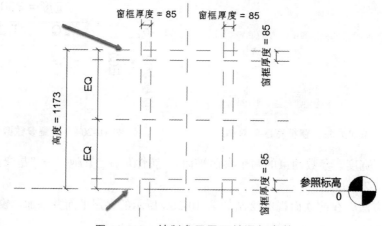

图 10-207　绘制参照平面并添加参数

在前立面视图中，绘制"拉伸"并将拉伸轮廓与对应的参照平面锁定，如图 10-208 所示。

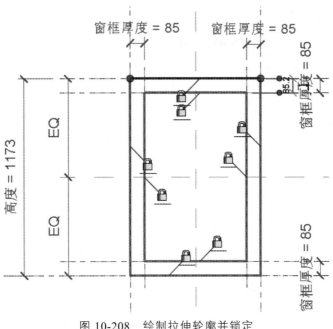

图 10-208　绘制拉伸轮廓并锁定

单击 ✔ 完成拉伸绘制。

双击"项目浏览器"→"视图"→"楼层平面"→"参照标高"进入平面视图窗口，选择拉伸形体，拖拽造型操作柄至"窗框宽度"参数约束的参照平面并锁定，如图 10-209，图 10-210 所示。

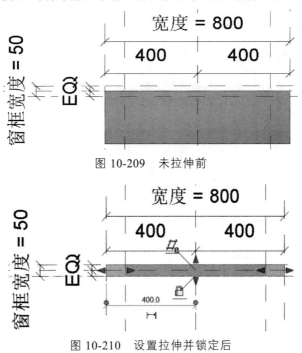

图 10-209　未拉伸前

图 10-210　设置拉伸并锁定后

选择窗框拉伸形体，关联材质参数，并新建"窗框材质"参数，如图 10-211 所示。

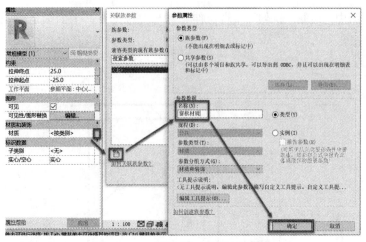

图 10-211 设置并 关联材质参数

在平面视图中，绘制如图 10-212 所示参照平面，并添加"嵌板厚度"参数。

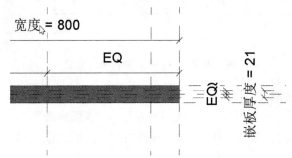

图 10-212 绘制参照平面并添加参数

在前立面视图中，绘制嵌板拉伸，如图 10-213 所示，并将拉伸轮廓与对应的参照平面锁定。

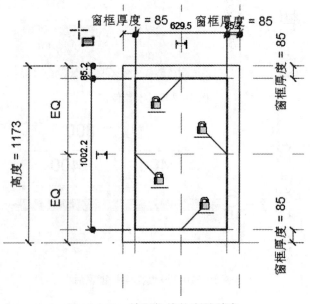

图 10-213 绘制拉伸轮廓并锁定

然后单击 ✅ 完成拉伸绘制。

双击"项目浏览器"→"视图"→"楼层平面"→"参照标高"进入平面视图窗口，选择嵌板拉伸形体，拖拽造型操作柄至"嵌板厚度"参数约束的参照平面并锁定，如图 10-214 所示。

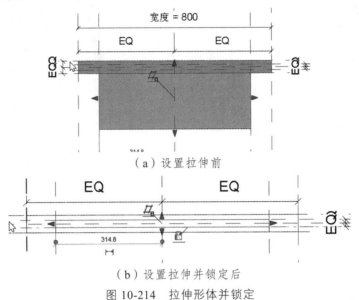

（a）设置拉伸前

（b）设置拉伸并锁定后

图 10-214　拉伸形体并锁定

用同样的方法，新建"嵌板材质"参数并关联嵌板拉伸形体。

分别选择"窗框拉伸"形体和"嵌板拉伸"形体，在"属性"→"标识数据"→"子类别"设置为"框架/竖梃"和"玻璃"，如图 10-215 所示。

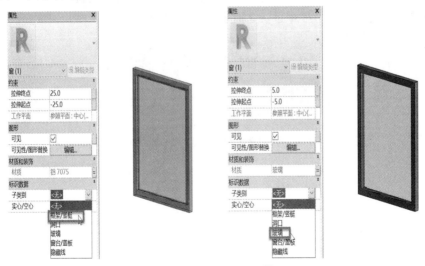

图 10-215　设置属性

7. 窗框子族参数测试

双击"项目浏览器"→"视图"→"三维视图"→"视图 1"进入三维视图，打开"族类型"对话框，分别调整"嵌板材质""窗框材质""宽度""高度"等参数为不同值，观察模型是否参变，如图 10-216 所示。

189

图 10-216　设置参数检查参变

8. 窗框子族二维表达设置

窗框子族作为万能窗的统一窗框，所以其二维表达要同时满足上悬窗、下悬窗、左开窗、右开窗、上推窗、下推窗等二维表达，可通过"可见性"参数关联对应二维表达，选择性显示二维表达解决。

（1）双击"项目浏览器"→"视图"→"立面"→"前"进入前视图，单击"注释"选项卡，选择"符号线"绘制"左开起"立面表达，如图 10-217 所示。

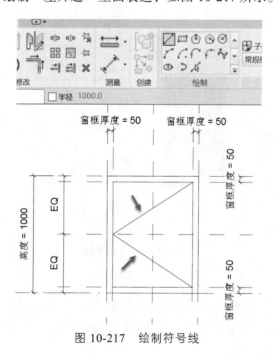

图 10-217　绘制符号线

190

注意：在窗族样板中，"公制常规模型"族样板及"单扇窗框.raf"前立面，默认为内墙面。

选择"左开起"立面表达符号线，设置其子类别为"隐藏线[投影]"，如图10-218所示。

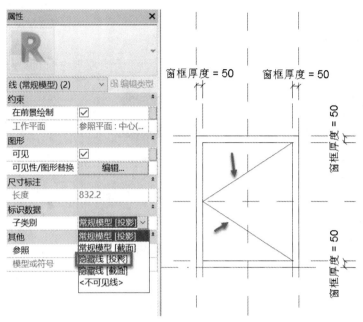

图 10-218　设置符号线子类别

选择"左开起"立面表达符号线，关联并创建"右开"参数，参数类型为"是/否"参数，参数属性为"实例"参数，如图10-219所示。

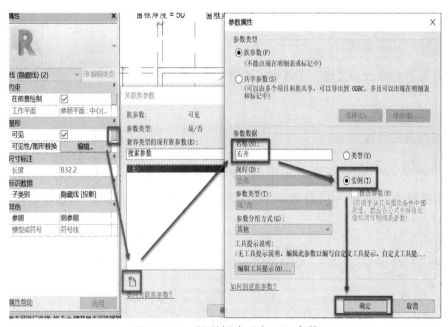

图 10-219　关联创建"左开"参数

（2）设置"高度""宽度""左开"参数为不同值，观察右开立面表达是否受参数约束。

191

（3）同（1）、（2）步方法，分别绘制"左开""上悬""下悬""上推""下推"等立面表达详图线并关联对应可见性参数，如图 10-220 所示。

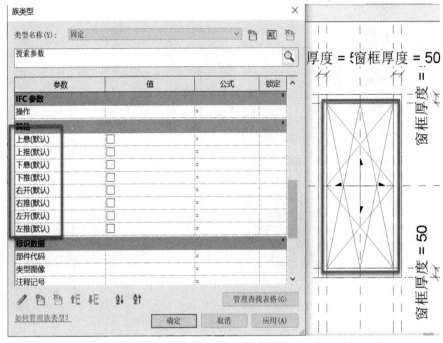

图 10-220　对各立面表达详图线关联可见性参数

注意：① 详图线子类别为"隐藏线[投影]"；② 关联可见性参数属性为"实例参数"；③ 参数初始值全部设置为"否"，即不勾选。

9. 图形可见性设置

图形可见性在母族中设置，子族中不设置。

10. 族类型设置

子族不设置任何族类型。

11. 设置参照平面"是参照"参数

在平面视图中，将如图 10-221 所示不必要的六个参照平面"是参照"参数设置为"非参照"。

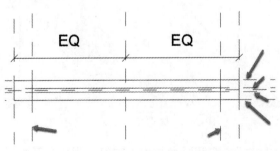

图 10-221　更改平面示意中参照平面参数设置

前立面视图中，将如图 10-222 所示不必要的两个参照平面"是参照"参数设置为"非参照"。

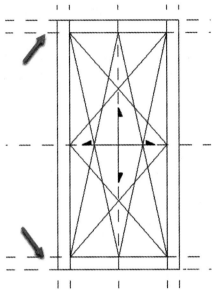

图 10-222　更改前立面示意中参照平面参数设置

12. 子族载入项目测试

测试族在项目中参数是否有效，立面表达线型线宽是否符合出图规范且随参数变化，是否出现"造型操作柄"。

13. 清除子族未使用项

单击"管理"选项卡，设置清除未使用项，将未使用的项删除，减少族文件内存空间，如图 10-223 所示。

图 10-223　清除未使用项

14. 窗母族制作

选择"文件"→"新建"→"族"→"公制窗",另存为"万能窗.rfa"。族类别已经默认为"窗"。

（1）绘制二维平面表达：选择"项目浏览器"→"视图"→"楼层平面"→"参照标高"进入平面视图；单击"注释"选项卡，选择"符号线"绘制如图 10-224 所示二维平面表达；添加尺寸标注并均分。

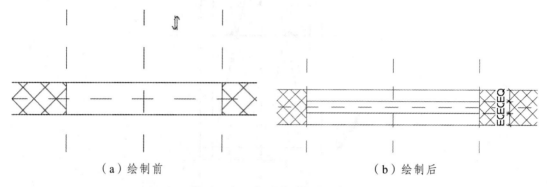

（a）绘制前　　　　　　　　　　　　（b）绘制后

图 10-224　绘制二维平面表达

添加平面遮罩：单击"注释"选项卡，选择"详图"→"遮罩区域"，运用"矩形"绘制窗洞遮罩并锁定，如图 10-225 所示。

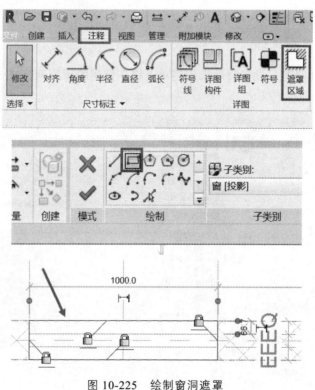

图 10-225　绘制窗洞遮罩

（2）绘制剖面表达：选择"项目浏览器"→"视图"→"立面"→"左"进入左立面视图；用同样的方法，用"符号线"绘制窗剖面表达，如图10-226所示。

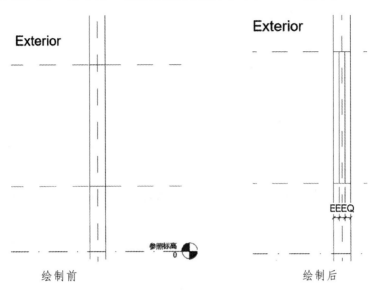

图 10-226　绘制剖面表达

用同样的方法在"左立面视图"绘制剖面遮罩。

（3）单击"插入"选项卡→"载入族"，将之前做好的"单扇窗框.rfa"子族载入窗族（母族）中，如图10-227所示。

图 10-227　载入"单扇窗框.rfa"子族

（4）切换到"平面视图"绘制界面，放置两个单扇窗框族，并与墙中心线对齐，如图10-228所示。

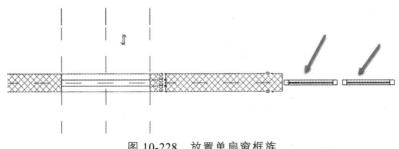

图 10-228　放置单扇窗框族

（5）双击"项目浏览器"→"视图"→"立面"→"外部"进入外部立面视图绘图界面，如图10-229所示。

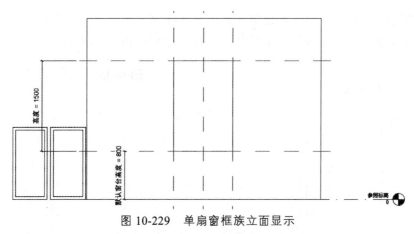

图 10-229　单扇窗框族立面显示

选择"单扇窗框.rfa"子族，拖拽其造型操作柄或用"对齐"命令锁定对应的参照平面，如图 10-230 所示。

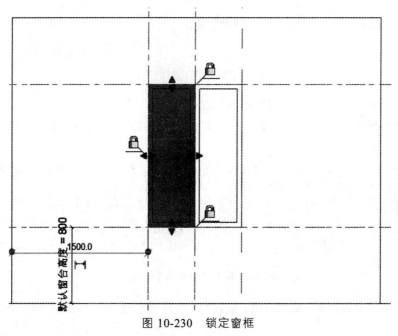

图 10-230　锁定窗框

（6）初步确定母族参数并添加，如表 10-3 所示。

表 10-3　母族参数

参数名	参数属性	参数类型	参数分组方式	是否用共享参数
窗框宽度	类型参数	长度	尺寸标注	否
窗框厚度	类型参数	长度	尺寸标注	否
嵌板厚度	类型参数	长度	尺寸标注	否
窗框材质	类型参数	材质	材质和装饰	否
嵌板材质	类型参数	材质	材质和装饰	否

选择"属性"→"族类型",创建母族参数,如图 10-231 所示。

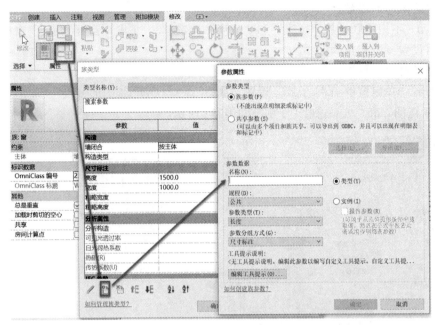

图 10-231　创建母族参数

（7）参数关联。

选择所有"单扇窗框.rfa"子族,设置"属性"→"编辑类型"→"关联嵌板材质"并确定,如图 10-232 所示。

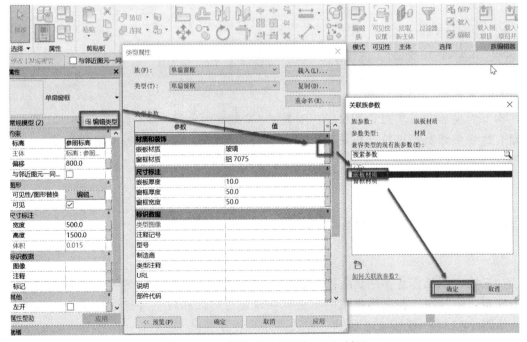

图 10-232　设置"单扇窗框.rfa"材质

用同样的方法，分别将子族的"窗框材质""窗框宽度""窗框厚度""嵌板厚度"等类型参数关联对应的母族参数。

注意：① 不用关联子族"宽度"和"高度"参数；② 关联"窗框宽度""窗框厚度"等参数时，需设置参数初值为非零。

（8）图形可见性设置。

选择所有"单扇窗框.rfa"子族，设置"属性"→"可见性/图形替换"，取消勾选"平面/天花板平面视图"和"左/右视图"，如图 10-233 所示。

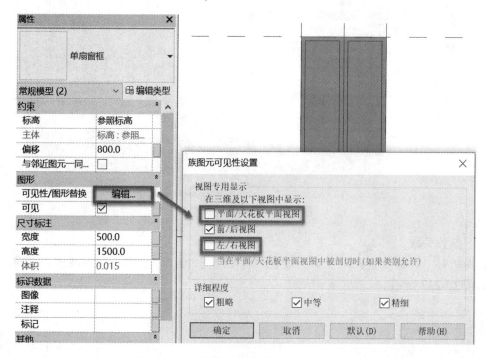

图 10-233　设置"单扇窗框.rfa"可见性

15. 母族载入项目测试

将万能窗族载入项目，测试其"长度""宽度""材质"等参数是否有效，平、立、剖面表达线型线宽是否符合出图规范且随参数变化，在不同详细程度视图中是否正常显示等。

16. 清除未使用项

设置清除未使用项，将未使用的项删除，减少族文件内存空间。

17. 入　库

在三维视图工作界面中，设置"视图"→"图形"→"可见性/图形"，取消勾选"墙"，单击确定，使其墙体在三维视图中不可见，设置最终保存状态为三维视图最佳轴测图视角，如图 10-234，图 10-235 所示。将族另存为"万能窗 1x2.rfa"，保存到规定的族库路径入库。

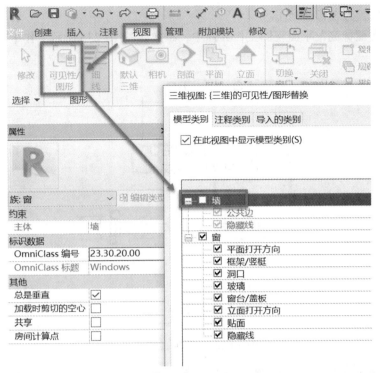

图 10-234　设置墙的可见性

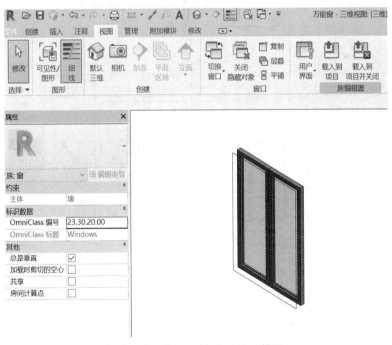

图 10-235　墙可见性设置后三维显示

18. 万能窗族拓展

通过"万能窗 1x2.rfa"族修改创建"万能窗 3x2.rfa"（1x2 表示窗框数量为 1 行 2 列，

3x2 表示窗框数量为 3 行 2 列）。

（1）在"参照标高"平面视图工作界面中，添加如图 10-236 所示工作平面，标注尺寸并分别均分。

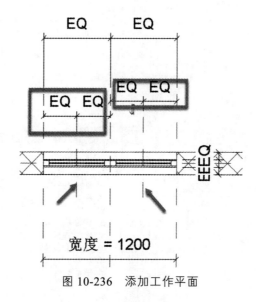

图 10-236　添加工作平面

（2）切换到"立面"→"外部"立面视图中，绘制如图 10-237 所示工作平面，尺寸标注并分别添加"一层高""二层高"参数，其参数属性为"类型参数"。

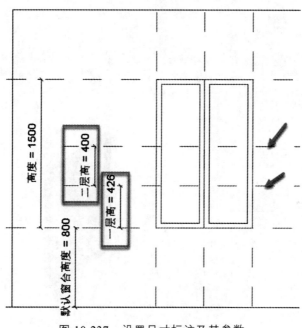

图 10-237　设置尺寸标注及其参数

（3）在"外部"立面视图，选择"单扇窗框.rfa"子族，复制所需窗扇数量（4个），如图 10-238 所示。

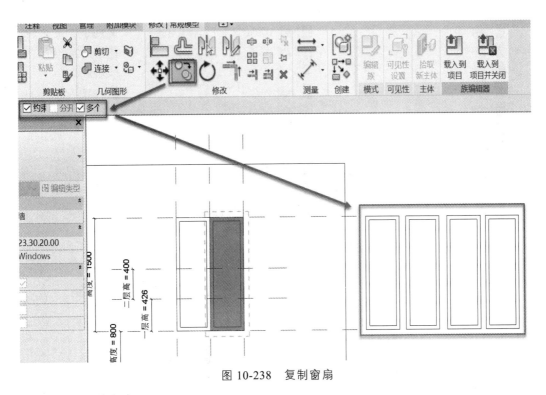

图 10-238　复制窗扇

（4）选择"单扇窗框.rfa"子族，拖拽其造型操作柄或用"对齐"命令锁定对应的参照平面，如图 10-239 所示。

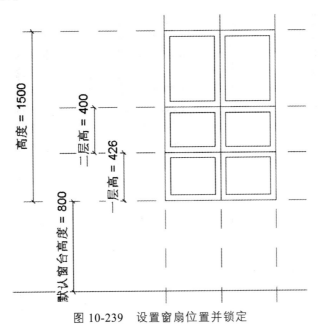

图 10-239　设置窗扇位置并锁定

（5）同"17. 入库"小点方法，将族另存为"万能窗 3x2.rfa"。

（6）用同样的方法，拓展在项目中常用的窗族族库，如图 10-240 所示。

图 10-240　常用的窗族族库

19. 万能窗族应用——快速创建项目所需窗

图 10-241 所示为项目部分门窗图例。

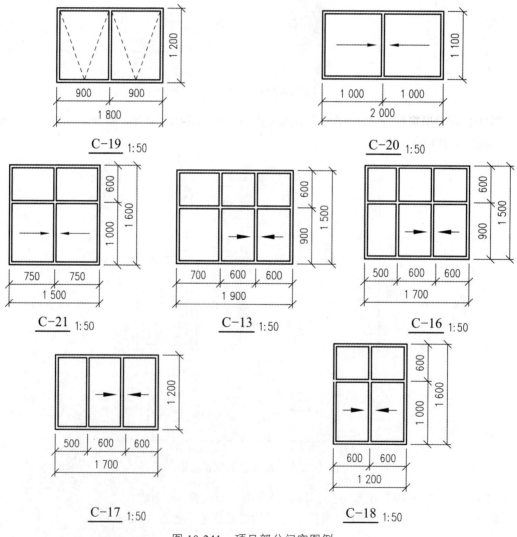

图 10-241　项目部分门窗图例

下面以 C-16 为例进行说明。C-16 窗框数量为 2×3，选择"万能窗 2x3.rfa"族修改，另存为"C-16.rfa"，并设置窗族"宽度"为 1700，窗"高度"为 1500，"一层高度"为 900，如图 10-242 所示。

选择尺寸标注，取消 EQ 均分，并分别设置其值为 500、600、600，如图 10-243 所示。

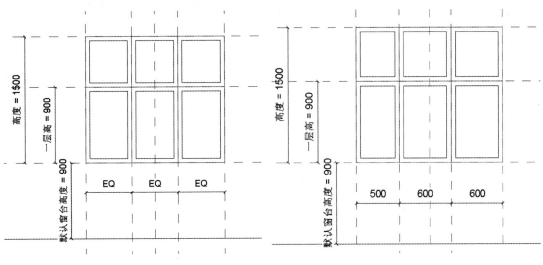

图 10-242　通过更改窗族属性快速新建所需族　　　　图 10-243　设置尺寸标注

选择对应单扇窗框，在"属性"→"其他"中勾选"左推""右推"立面表达，如图 10-244 所示。

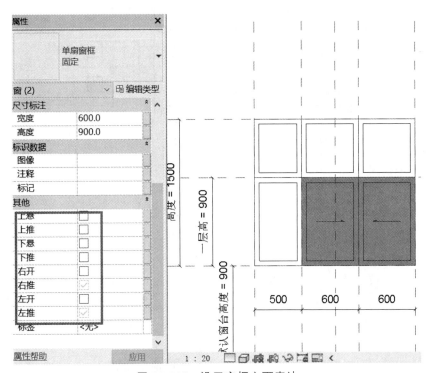

图 10-244　设置窗框立面表达

203

用同样的方法快速创建 C-19、C-20、C-21、C-13、C-17、C-18。

1. 根据给定的投影尺寸建立斗拱模型，并以"斗拱.xxx"为文件名保存到考生文件夹中。斗拱视图如图 10-245 所示。

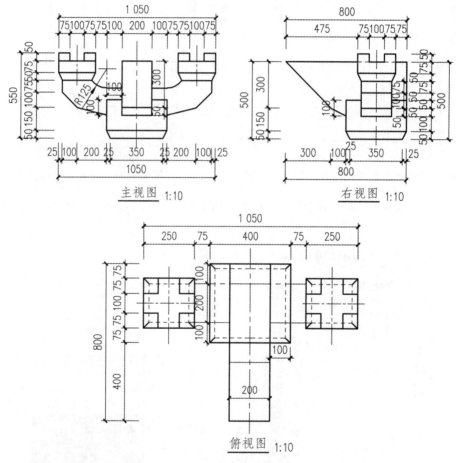

图 10-245　题 1 图

2. 根据给定的尺寸标注建立"百叶窗"构建集

（1）按图 10-246 中的尺寸建立模型。

（2）所有参数采用图中参数名字命名，设置为类型参数，扇叶个数可以通过参数控制，并对窗框和百叶窗百叶赋予合适材质，并将模型文件以"百叶窗"为文件名保存到考生文件夹中。

（3）将完成的"百叶窗"载入项目中，插入任意墙面中示意。

204

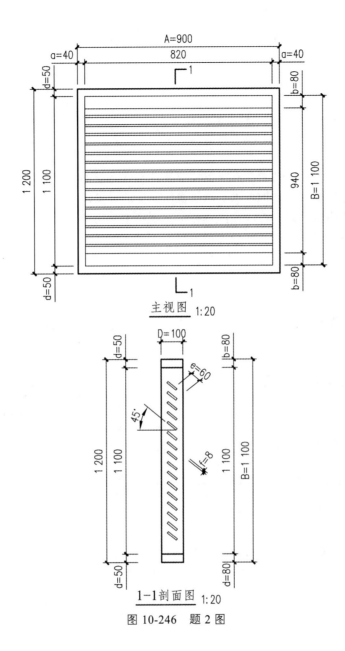

主视图 1:20

1—1剖面图 1:20

图 10-246　题 2 图

第 11 章 概念体量

概念体量主要用于建筑概念及方案设计或异性构件创建。通过概念体量环境创建设计，可以方便建筑师进行建筑体量推敲以及加快设计流程的进度。

进入概念体量环境的方式有两种：一种是在项目中使用"内建体量"工具创建；另一种是选择"文件"→"新建"→"概念体量"族样板或"自适应公制常规模型"等族样板。

体量环境与"常规模型族"环境比较：

（1）可在体量族环境中创建标高。

（2）参照平面在三维界面中可见。

（3）体量环境没有具体的"拉伸""旋转""融合"等形体创建命令。

11.1 体量形体创建

虽然体量环境没有具体的"拉伸""旋转""融合"等形体创建命令，但其创建原理相同，同样由"拉伸""融合""旋转""放样""放样融合"和"空心"等组成。体量环境形体创建由"轮廓"和 ![创建形状] 命令完成，不同的轮廓生成不同命令下的形体。

1. 体量拉伸

在工作平面上绘制一个闭合轮廓，选择闭合轮廓并单击"创建形体"→"实心形体"，将由闭合轮廓沿该工作平面的法向方向生成拉伸，如图 11-1、图 11-2 所示。

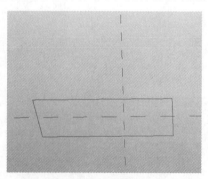

图 11-1　创建前

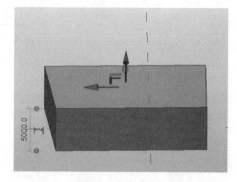

图 11-2　创建后

体量拉伸特点：

（1）可以用"Tab"键选择该拉伸形体的 12 条边及 8 个顶点进行拖拽编辑，如图 11-3 所示。

（2）选择形体的一个面，可以再创建一个拉伸，如图 11-4 所示。

（3）多个闭合轮廓不能创建拉伸形体。

（4）一条线段、曲线或多段线可以拉伸创建一个面，如图11-5所示。

（5）通过闭合的"参照线"可选择生成一个面。

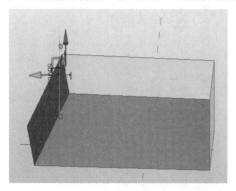

图 11-3　绘制拉伸

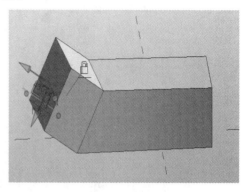

图 11-4　绘制拉伸

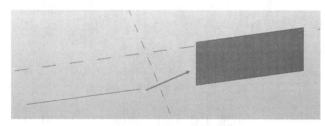

图 11-5　绘制拉伸面

2. 体量融合

在两个平行"工作平面"上绘制两个闭合轮廓，同时选择两个闭合轮廓并单击"创建形体"→"实心形体"，将由两个闭合轮廓融合创建形体。

在参照标高1平面上绘制一个矩形，如图11-6所示。

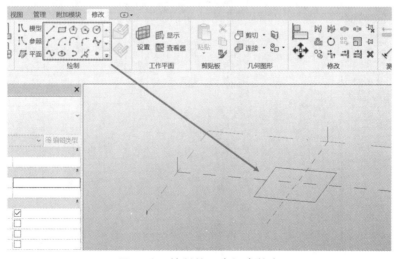

图 11-6　绘制第一个闭合轮廓

选择标高 1，向上复制一个参照标高平面，如图 11-7 所示。

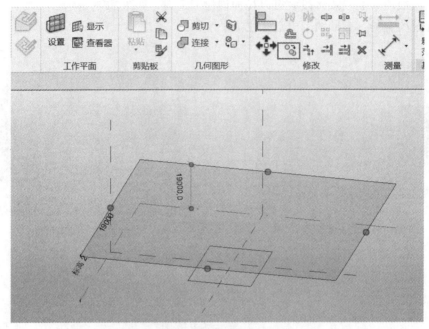

图 11-7　绘制第二个闭合轮廓

　　如图 11-8、图 11-9 所示，设置工作平面，拾取标高 2 工作平面，在该工作平面上绘制一个圆；选择两个闭合轮廓并单击"创建形体"→"实心形体"，生成融合模型如图 11-10 所示。

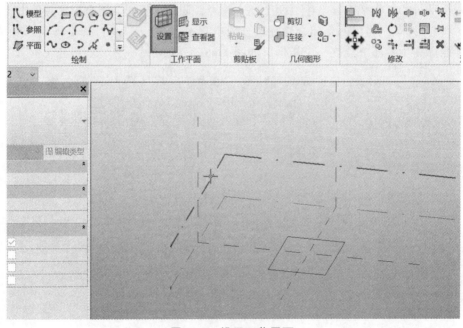

图 11-8　设置工作平面

图 11-9　绘制圆

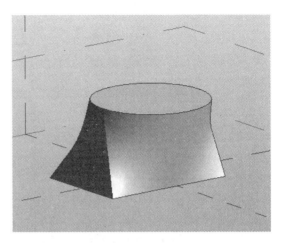

图 11-10　生成融合模型

体量融合特点：

（1）可由两个非平行闭合轮廓融合。

（2）可由多个闭合轮廓融合，如图 11-11、图 11-12 所示。

图 11-11　绘制多个闭合轮廓

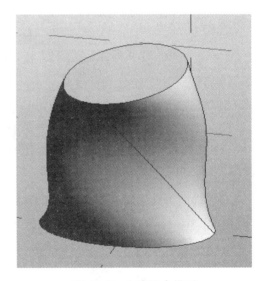

图 11-12　生成融合模型

3．体量旋转

由一条直线段和同一工作平面下的闭合二维轮廓组成，直线用于定义旋转轴，闭合二维轮廓绕该轴旋转后生成旋转形状。创建步骤如下：

在工作平面上绘制一条直线段，在同一工作平面上附近位置绘制一个闭合二维轮廓，如图 11-13 所示。

选择线段和闭合轮廓，单击"修改｜线"选项卡"形状"→"创建形状"工具，即可完成如图 11-14 旋转形状的创建。

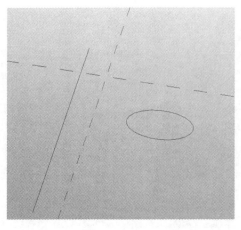

图 11-13　绘制直线段和闭合轮廓

图 11-14　创建形状

　　若要控制旋转的角度,可选中旋转的形状,在属性栏限制条件中设置旋转的"起始角度"和"结束角度"。也可选择旋转轮廓的外边缘,拖动控制柄来改变旋转角度,如图 11-15 所示。

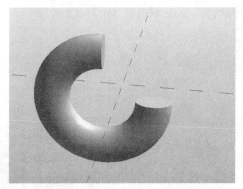

图 11-15　更改旋转属性后模型

　　体量旋转时可旋转同一平面上非闭合二维轮廓,如图 11-16、图 11-17 所示。

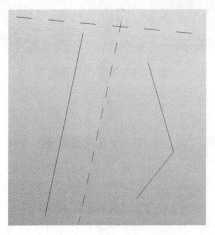

图 11-16　绘制未闭合轮廓

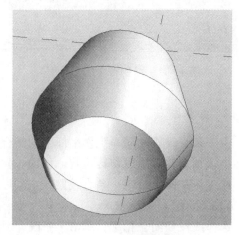

图 11-17　形成模型

4. 体量放样

由线和垂直于线的二维闭合轮廓创建放样形状。放样中的线用于定义放样的路径，二维轮廓用于定义放样轮廓。创建步骤如下：

单击"创建"→"绘制"→"模型线"→"样条曲线"工具，绘制一条路径，如图 11-18 所示。

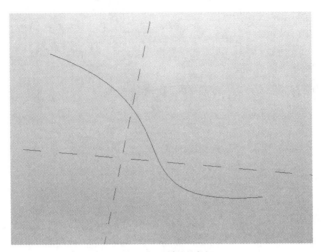

图 11-18　绘制路径

单击"创建"→"绘制"→"点图元"，并选择"在面上绘制"，在路径上单击放置如图 11-19 所示的参照点。

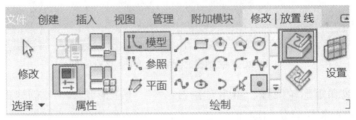

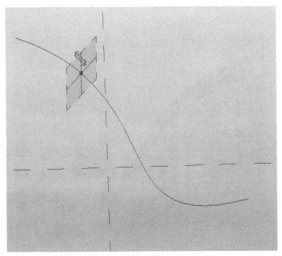

图 11-19　绘制点图元

211

单击"创建"→"绘制"→"模型"→"矩形"工具，并设置"在工作平面上绘制"，选择参照点工作平面，在参照点的工作平面上绘制一个矩形，如图 11-20 所示。

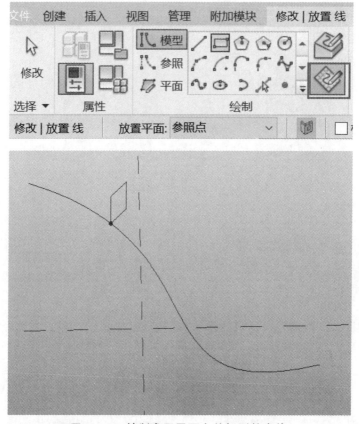

图 11-20　绘制参照平面上的矩形轮廓线

选择样条曲线和矩形轮廓线，单击"修改| 线"→"形状"→"创建形状"工具，即可完成如图 11-21 所示放样形状的创建。

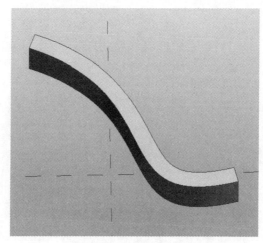

图 11-21　放样形状创建

体量放样特点：

（1）如果轮廓是闭合轮廓，则可以使用多分段的路径或闭合路径来创建放样。

（2）如果轮廓是开放的轮廓，则只能沿单段路径进行放样，无法沿多段路径或闭合路径放样。

5．体量放样融合

体量放样融合由线和两个垂直于线的二维轮廓组成。放样融合中的线用于定义放样融合的路径，二维轮廓用于定义不同截面形状。创建步骤如下：

单击"创建"→"绘制"→"模型线"→"样条曲线"工具，绘制一条路径，如图 11-22 所示。

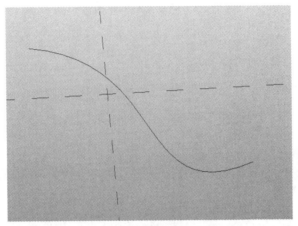

图 11-22　绘制路线

单击"创建"→"绘制"→"点图元"，沿路径放置两个参照点，如图 11-23 所示。

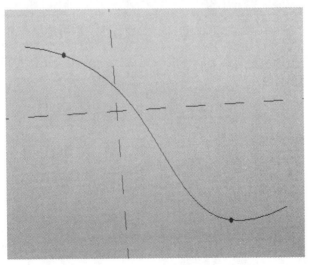

图 11-23　放置参照点

分别设置参照点为工作平面，绘制如图 11-24 所示的不同闭合轮廓。

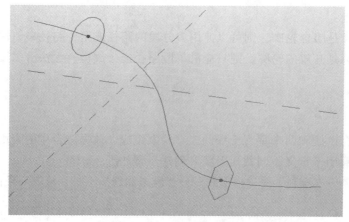

图 11-24　绘制两个不同闭合轮廓

　　选择路径和轮廓，单击"修改｜线"→"形状"→"创建形状"，即可完成放样形状的创建，放样结果如图 11-25 所示。

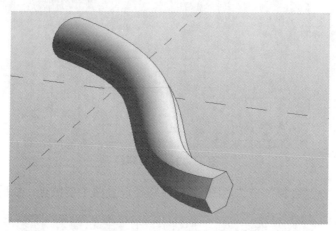

图 11-25　放样创建

　　体量放样融合时可沿多个垂直于放样线的轮廓放样融合。放样的路径及轮廓如图 11-26 所示，放样融合后如图 11-27 所示。

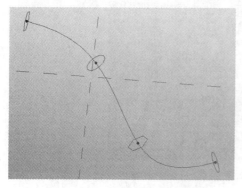

图 11-26　放样路径及轮廓

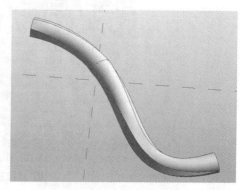

图 11-27　放样融合形状

11.2 体量空心形状

使用"创建空心形状"工具来创建空心以剪切实心几何图形。

创建方法同前面实心体的创建，并且在属性栏"标志数据"将"实心/空心"改为"空心"，此处不赘述。

> **习题【引自：中国图学学会 BIM 等级考试试题 一级第三期 3 题，中国图学学会 BIM 等级考试试题 一级第十二期 3 题，中国图学学会 BIM 等级考试试题 一级第十三期 3 题】**

1. 根据图 11-28 中给定的投影尺寸，创建形体体量模型，基础底标高为-2.1 m，设置该模型材质为混凝土。请将模型体积用"模型体积"为文件名并以文本格式保存在考生文件夹中，模型文件以"杯形基础"为文件名保存到考生文件夹中。

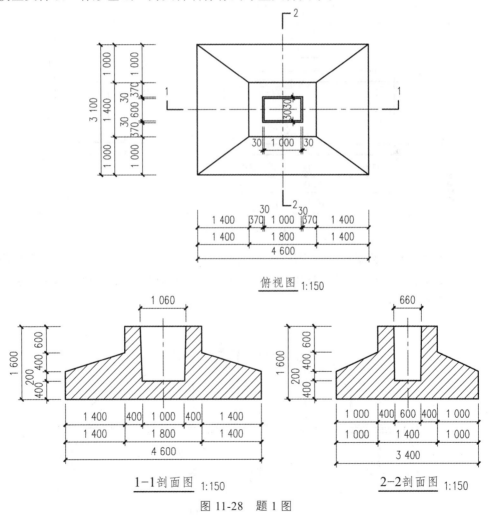

图 11-28　题 1 图

2. 根据图 11-29 中给定尺寸，用体量方式创建模型，请将模型文件以"方圆大厦+考生姓名"为文件名保存到考生文件夹中。

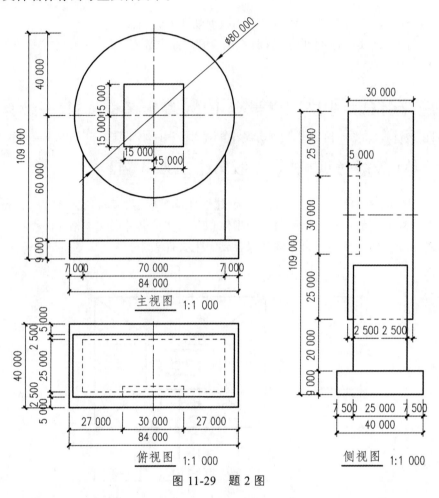

图 11-29　题 2 图

3. 根据图 11-30 中给定尺寸，用体量方式创建模型，整体材质为混凝土，悬索材质为钢材，直径为 200 mm，未标明尺寸与样式不做要求，请将模型文件以"拱桥+考生姓名"为文件名保存到考生文件夹中。

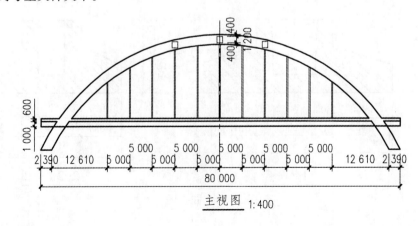

主视图　1:400

216

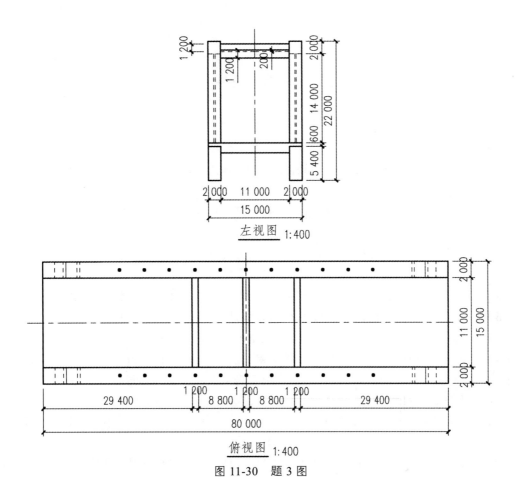

左视图 1:400

俯视图 1:400

图 11-30　题 3 图

参考文献

[1] 林标锋，等. BIM 应用：Revit 建筑案例教程[M]. 北京：北京大学出版社，2018.

[2] AutodeskAsiaPteLtd. AutodeskRevit2013 族达人速成[M]. 上海：同济大学出版社，2013.

[3] 益埃毕教育组. Revit2016/2017 参数化从入门到精通[M]. 北京：机械工业出版社，2017.

[4] 廖小烽，王君峰. Revit2013/2014 建筑设计火星课堂[M]. 北京：人民邮电出版社，2014.

[5] 王君峰. AutodeskNavisworks 实战应用思维课堂[M]. 北京：机械工业出版社，2015.

[6] 何关培，李刚. 那个叫 BIM 的东西究竟是什么[M]. 北京：中国建筑工业出版，2011.

[7] 何关培，王轶群，应宇垦. BIM 总论[M]. 北京：中国建筑工业出版社，2011.

[8] 刘应周. BIM 在某公建项目机电安装工程中的应用研究[D]. 天津：天津大学，2013.

[9] 李相荣. BIM（建筑信息模型）应用于房地产项目管理信息化[D]. 北京：北京交通大学，2011.

[10] 筑龙学社. 全国 BIM 技能等级考试教材（一级）[M]. 北京：中国建筑工业出版社，2019.

[11] 李朋. 论建筑信息模型（BIM）的工程管理[J]. 城市建设理论研究（电子版），2013.

[12] 幸国权. 基于 BIM 技术的钢结构展厅设计研究[D]. 北京：北京交通大学，2014.

[13] 杨波. BIM 技术下的被动式建筑设计浅谈[J]. 四川水泥，2015.

[14] 许钦. 探讨建筑可持续设计中 BIM 的特点及其作用[J]. 建筑工程技术与设计，2014.

[15] 张建平，余芳强，李丁. 面向建筑全生命周期的集成 BIM 建模技术研究[J]. 土木建筑工程信息技术，2012.

[16] 李杰. BIM 技术在房建工程中的应用[J]. 城市建设理论研究，2013.

[17] 牛博生. BIM 技术在工程项目进度管理中的应用研究[D]. 重庆大学. 2012.

[18] 张建平，胡振中，杨谆. 全国 BIM 技能等级考试试题集[M]. 北京：清华大学出版社，2019.

[19] 胡煜超. Revit 建筑建模与室内设计基础[M]. 北京：机械工业出版社. 2017.

[20] 黄亚斌. Revit 建筑应用实训教程[M]. 北京：化学工业出版社. 2015.

[21] 罗玮. Revit2018 建筑设计从入门到精通[M]. 北京：机械工业出版社. 2018.

[22] 姚红媛，苏会人，吴比. Revit2018 实用教程[M]. 北京：人民邮电出版社. 2019.

[23] 王君峰，娄琮昧，王亚男. Revit 建筑设计思维课堂[M]. 北京：机械工业出版社. 2019.

[24] 张津奕. 基于 Revit 的 BIM 设计实务及管理[M]. 北京：中国建筑工业出版社,2017.

附录一　近年来国家及地方政府部分 BIM 政策

国务院办公厅、国家部委以及地方政府先后推出相关 BIM 政策,推动 BIM 技术的落地。尤其是中华人民共和国住房和城乡建设部自 2011 年以来,不断出台 BIM 技术鼓励政策,通过政策影响各地建筑领域的相关部门对于 BIM 技术的重视。相关政策的发布为 BIM 技术的应用和发展提供了强有力的支撑和保障。现摘录部分近期政策如下:

国务院办公厅

文件名称:国务院办公厅转发住房和城乡建设部关于完善质量保障体系提升建筑工程品质指导意见的通知

发布时间:2019 年 9 月 15 日

内容摘要:

加大建筑业技术创新及研发投入,推进产学研用一体化,突破重点领域、关键共性技术开发应用。加强重大装备和数字化、智能化工程建设装备研发力度,全面提升工程装备技术水平。推进建筑信息模型(BIM)、大数据、移动互联网、云计算、物联网、人工智能等技术在设计、施工、运营维护全过程的集成应用,推广工程建设数字化成果交付与应用,提升建筑业信息化水平。

中华人民共和国国家发展和改革委员会

文件名称:发展改革委修订发布《产业结构调整指导目录(2019 年本)》

发布时间:2019 年 10 月 30 日

内容摘要:

建筑信息模型(BIM)相关技术开发与应用被国家发改委纳入产业结构调整中。

中华人民共和国人力资源和社会保障部

政策名称:人社部、市场监管总局、统计局联合发布新职业

发布时间:2019 年 4 月 3 日

内容摘要:

人力资源社会保障部、市场监管总局、统计局正式向社会发布了人工智能工程技术人员、物联网工程技术人员、大数据工程技术人员、云计算工程技术人员、数字化管理师、建筑信息模型(BIM)技术员、电子竞技运营师、电子竞技员、无人机驾驶员、农业经理人、物联网安装调试员、工业机器人系统操作员、工业机器人系统运维员等 13 个新职业信息。

中华人民共和国教育部

文件名称：教育部等四部门印发《关于在院校实施"学历证书+若干职业技能等级证书"制度试点方案》

发布时间：2019 年 4 月 16 日

内容摘要：

日前，教育部、国家发展改革委、财政部、市场监管总局联合印发了《关于在院校实施"学历证书+若干职业技能等级证书"制度试点方案》（以下简称《试点方案》），部署启动"学历证书+若干职业技能等级证书"（简称 1+X 证书）制度试点工作。建筑信息模型（BIM）职业技能等级证书、Web 前端开发职业技能等级证书、物流管理职业技能等级证书、老年照护职业技能等级证书、汽车运用与维修职业技能等级证书和智能新能源汽车职业技能等级证书。

中华人民共和国住房和城乡建设部

1. 文件名称：关于印发《住房和城乡建设部工程质量安全监管司 2019 年工作要点》的通知

发布时间：2019 年 2 月 15 日

内容摘要：

推进 BIM 技术集成应用。支持推动 BIM 自主知识产权底层平台软件的研发。组织开展 BIM 工程应用评价指标体系和评价方法研究，进一步推进 BIM 技术在设计、施工和运营维护全过程的集成应用。

2. 文件名称：国家发展改革委 住房城乡建设部关于推进全过程工程咨询服务发展的指导意见

发布时间：2019 年 3 月 15 日

内容摘要：

大力开发和利用建筑信息模型（BIM）、大数据、物联网等现代信息技术和资源，努力提高信息化管理与应用水平，为开展全过程工程咨询业务提供保障。

3. 文件名称：住房和城乡建设部关于发布国家标准《建筑信息模型设计交付标准》的公告

发布时间：2018 年 12 月 26 日

内容摘要：

交付标准是 BIM 国家标准重要组成部分，将与其他标准相互配合，共同作用，逐步形成 BIM 国家标准体系，为行业标准、团体标准、地方标准乃至企业标准、项目标准提供了重要的框架支撑，同时为国际间 BIM 标准的协同和对接提供依据。其针对性和可操作性，也有利于推动建筑信息模型技术在工程实践过程中的应用。

北京市质量技术监督局/北京市规划委员会

从地区来看，国内最早发布 BIM 相关政策的城市为北京。2013 年 12 月北京质量技术监督局/北京市规划委员会发布关于《民用建筑信息模型设计标准》。文件中提出 BIM 的资源要求、模型深度要求、交付要求，该标准是在 BIM 的实施过程规范民用建筑 BIM 设计的基本内容，于 2014 年 9 月 1 日正式实施。标准中强调了 BIM 建筑的实施规范，在一定程度上指导北京地区民用建筑的施工要求。2018 年 8 月 30 日北京市发布了《北京市推进建筑信息模型应用工作的指导意见》，明确推动"建筑业的转型升级"是 BIM 发展的主要目标，多技术的融合是 BIM 发展落地的发展思路，利用 GIS、云计算、大数据、物联网、移动通信、智能化等信息技术与 BIM 信息化的手段进行融合创新，实现 BIM 在工程管理、提高工程的质量管理、安全管理以及综合管理的项目目标，打造优质工程。

上海市政府办公厅

文件名称：关于促进本市建筑业持续健康发展的实施意见

发布时间：2017 年 9 月 30 日

内容摘要：

建筑信息模型（BIM）技术是传统二维设计建造方式向三维数字化设计建造方式转变的革命性技术。要注重整体规划与分步推进、政府引导和市场主导相结合，深入推进 BIM 技术在工程建设领域应用，创建国内领先的 BIM 技术应用示范城市。

广州市住房和城乡建设局

文件名称：广州市城市信息模型（CIM）平台建设试点工作联席会议办公室关于进一步加快推进我市建筑信息模型（BIM）技术应用的通知

发布时间：2019 年 12 月 26 日

内容摘要：

自 2020 年 1 月 1 日起，规定的新建工程项目应在规划、设计、施工及竣工验收阶段采用 BIM 技术，鼓励在运营阶段采用 BIM 技术，其中经论证不适合应用 BIM 技术的除外；列入 BIM 应用范围的建设工程，已立项尚未开工的，建设单位根据所处阶段开展本阶段及后续阶段的 BIM 技术应用。BIM 技术应用费用按照《广东省建筑信息模型（BIM）技术应用费用计价参考依据（2019 年修正版）》计算确定。

深圳市住房和城乡建设局

文件名称：关于印发《房屋建筑工程招标投标建筑信息模型技术应用标准》的通知

发布时间：2019 年 11 月 5 日

内容摘要：

深圳市住房和建设局建设工程交易服务中心将建筑信息模型（BIM）、大数据等现代信息技术引入建设工程交易领域，在全国率先打造 BIM 招标投标系统，编制全国首部房屋建筑工程招标投标 BIM 技术应用标准，使建设工程项目招标投标迈入了全新领域，实现了设计建模、施工看模、运维用模新流程，为城市公共服务各主管部门提供了新的管理模式，为数字城市建设铺路。

天津市住房和城乡建设委员会

文件名称：市住房城乡建设委关于推进我市建筑信息模型（BIM）技术应用的指导意见

发布时间：2019年2月3日

内容摘要：

到2020年末，建筑行业甲级勘察、设计单位以及特级、一级房屋建筑工程施工企业应掌握并实现BIM与企业管理系统和其他信息技术的一体化集成应用。到2020年末，以国有资金投资为主的大中型建筑、申报绿色建筑的公共建筑和绿色生态示范小区的新立项项目勘察设计、施工、运营维护中，集成应用BIM的项目比率达到90%。

重庆市住房和城乡建设委员会

1. 文件名称：关于开展2019年度建筑信息模型（BIM）技术应用示范工作的通知

发布时间：2019年3月28日

内容摘要：

为促进BIM技术应用，在示范项目中择优确定一批BIM技术应用的优秀示范项目，在勘察设计诚信体系评分中给予加分奖励，优秀示范项目在参评市级相关工程勘察设计类奖项时，将给予加分奖励。

2. 文件名称：关于印发《2019年"智慧工地"建设技术标准》与《2019年1500个"智慧工地"建设目标任务分解清单》的通知

发布时间：2019年5月21日

内容摘要：

建设内容主要包括：人员实名制管理、视频监控、扬尘噪声监测、施工升降机安全监控、塔式起重机安全监控、危险性较大的分部分项工程安全管理、工程监理报告、工程质量验收管理、建材质量监管、工程质量检测监管、BIM施工、工资专用账户管理等12项"智能化应用"。

河北省住房和城乡建设厅

文件名称：进一步规范国有资金投资房屋建筑和市政基础设施工程项目招标投标工作的若干意见

发布时间：2019年5月13日

内容摘要：

采用建筑信息模型（BIM）等新技术、投标文件编制成本较高的项目招标人可以采取资格预审。

山东省住房和城乡建设厅

文件名称：山东省住房和城乡建设厅关于印发《山东省建筑信息模型（BIM）技术

应用试点示范项目管理细则》的通知

发布时间：2019 年 5 月 13 日

内容摘要：

示范项目各实施单位应严格按照 BIM 技术应用目标和实施计划开展 BIM 技术应用工作，积极探索建立适应 BIM 技术应用的项目运行机制和管理机制，推进 BIM 技术全生命周期的共享和应用，实现各参与方在各阶段、各环节的协同。根据项目进度情况可申请主管部门和专家团队对其进行技术指导。

山西省住房和城乡建设厅

文件名称：山西省住房和城乡建设厅关于印发《山西省建筑信息模型（BIM）技术应用服务费用计价参考依据（试行）》的通知

发布时间：2019 年 9 月 9 日

内容摘要：

BIM 技术应用服务费用是指运用 BIM 技术为建设工程服务的费用。BIM 技术应用服务费用在工程建设其他费用中单独列支。房屋建筑工程，当建筑面积少于 1 万平方米时，按 1 万平方米作为计价基础计算建筑信息模型（BIM）技术应用服务费用；市政工程、轨道交通工程、综合管廊工程项目建筑安装工程费不足 1 亿元的按 1 亿元作为计价基础计算建筑信息模型（BIM）技术应用服务费用。

广西壮族自治区住房和城乡建设厅

文件名称：《关于印发广西推进建筑信息模型应用的工作实施方案的通知》

发布时间：2016 年 1 月 12 日

内容摘要：

到 2017 年底，基本形成满足 BIM 技术应用的配套政策、地方标准和市场环境。到 2020 年底，区甲级勘察、设计单位以及特级、一级房屋建筑工程和市政工程施工企业普遍具备 BIM 技术应用能力，以国有资金投资为主的大中型建筑、申报绿色建筑的公共建筑和绿色生态示范小区新立项项目勘察设计、施工、运营维护中集成应用 BIM 的项目比例达到 90%。

四川省人民政府办公厅

1. 文件名称：四川省人民政府办公厅关于促进建筑业持续健康发展的实施意见

发布时间：2018 年 1 月 25 日

内容摘要：

制定我省推进建筑信息模型（BIM）技术应用指导意见，推广 BIM 技术在规划、勘察、设计、施工和运营维护全过程的集成应用，提升工程建设和管理信息化智慧化水平。到 2025 年，我省甲级勘察、设计单位以及特级、一级房屋建筑工程和公路工程施工企业普遍具备 BIM 技术应用能力。

德阳市住房和城乡建设局

文件名称：关于进一步规范全市施工图设计、审查及在我市开展建筑信息模型（BIM）技术应用的通知

发布时间：2019 年 8 月 1 日

内容摘要：

为推动建筑全寿命期信息管理，进一步提升房屋建筑工程设计质量，将在全市加快推进 BIM 技术应用。

以上选取的仅仅是国家及地方政府的部分 BIM 技术支持、鼓励政策。国家以及各省(区)市不断推出 BIM 技术相关文件，这些政策、文件反映了各级政府对 BIM 技术的高度重视和 BIM 技术的快速发展。BIM 技术必将在全国各省（区）市全面发展及应用。

附录二　BIM 技能等级考评大纲

BIM 技能等级考评大纲

全国 BIM 技能等级考评工作指导委员会　制定
2012 年 10 月

全国 BIM 技能等级考评工作指导委员会

《BIM 技能等级考评大纲》
编辑委员会

说　明

　　建筑信息模型（Building Information Modeling，BIM）是以三维数字技术为基础，集成了建筑设计、建造、运维全过程各种相关信息的工程数据模型，并能对这些信息详尽表达。BIM 是一种应用于设计、建造、管理的数字化方法。BIM 技术正在推动着建筑工程设计、建造、运维管理等多方面的变革，将在 CAD 技术基础上广泛推广应用。BIM 技术作为一种新的技能，有着越来越大的社会需求，正在成为我国就业中的新亮点。在此背景下，中国图学学会本着更好地服务于社会的宗旨，适时开展 BIM 技能等级培训与考评工作。为了对该技能培训提供科学、规范的依据，组织了国内有关专家，制定了《BIM 技能等级考评大纲》（以下简称《大纲》）。

　　1. 本《大纲》以规范、引领和提高现阶段 BIM 从业人员所需技能水平和要求为目标，在充分考虑经济发展、科技进步和产业结构变化影响的基础上，对 BIM 技能的工作范围、技能要求和知识水平做了明确规定。

　　2. 本《大纲》的制定参照了有关技术规程的要求，既保证了《大纲》体系的规范化，又体现了以就业为导向、以就业技能为核心的特点，同时也使其具有根据科技发展进行调整的灵活性和实用性，符合培训、鉴定和就业工作的需要。

　　3. 本《大纲》将 BIM 技能分为三级，一级为 BIM 建模师；二级为 BIM 高级建模师；三级为 BIM 应用设计师。BIM 技能一级相当于 BIM 初级应用水平，不区分专业，能掌握 BIM 软件操作和基本 BIM 建模方法；二级根据设计对象的不同，分为建筑、结构、设备三个专业，能创建达到各专业设计要求的专业 BIM 模型；三级根据应用专业的不同，分为建筑、结构、设备设计专业以及施工、造价管理专业，能进行 BIM 技术的综合应用。

　　4. 《大纲》按照不同等级和不同专业分类的技能考核，内容包括技能概况、基本知识要求、考评要求和考评内容比重表四个部分。

　　5. 本《大纲》是在各有关专家和实际工作者的共同努力下完成的。

　　6. 本《大纲》自 2012 年 10 月 01 日起施行。《大纲》的解释权归全国 BIM 技能等级培训工作指导委员会办公室。

1　技能概况

1.1　技能名称

建筑信息模型（Building Information Modeling）建模和应用技能，简称 BIM 技能。

1.2　技能定义

　　BIM 技能是指使用计算机通过操作 BIM 建模软件，能将建筑工程设计和建造中产生的各种模型和相关信息，制作成可用于工程设计、施工和后续应用所需的 BIM 及其相关的二维工程图样、三维几何模型和其他有关的图形、模型和文档的能力。通过操作 BIM 专业应用软件，能进行 BIM 技术的综合应用能力。

1.3 技能等级

本技能共设三个等级，一级为 BIM 建模师；二级为 BIM 高级建模师；三级为 BIM 应用设计师。凡通过一级考评者，获得 BIM 建模师证书；通过二级考评者，获得 BIM 高级建模师证书；通过三级考评者，获得 BIM 应用设计师证书。

1.4 基本文化程度

一级和二级 BIM 技能应具有高中或高中以上学历（或其同等学力）。

三级 BIM 技能应具有土木建筑工程及相关专业大专或大专以上学历（或其同等学力）。

1.5 培训要求

1.5.1 培训时间

（1）全日制学校教育，根据其培养目标和教学计划确定。

（2）没有接受过 BIM 技能的有关学校教育或培训者，推荐的培训时间为：一级不少于 300 小时，二级不少于 300 小时，三级不少于 250 小时。高级别的培训时间是指在低级别培训时间基础上的增加时间。

1.5.2 培训教师

培训 BIM 技能等级的教师应持有教师资格证。

1.5.3 培训场地与设备

计算机及 BIM 软件；投影仪；采光、照明良好的房间。

1.6 考评要求

1.6.1 适用对象

需要具备本技能的人员。

1.6.2 申报条件

1. BIM 技能一级（具备以下条件之一者可申报本级别）

（1）达到本技能一级所推荐的培训时间；

（2）连续从事 BIM 建模或相关工作 1 年以上者。

2. BIM 技能二级（具备以下条件之一者可申报本级别）

（1）已取得本技能一级考核证书，且达到本技能二级所推荐的培训时间；

（2）连续从事 BIM 建模和应用相关工作 2 年以上者。

3. BIM 技能三级（具备以下条件之一者可申报本级别）

（1）已取得本技能二级考核证书，且达到本技能三级所推荐的培训时间；

（2）连续从事 BIM 设计和专业应用工作 2 年以上者。

1.6.3　考评方法

采用现场技能操作方式，成绩达到 60 分以上（含 60 分）者为合格。

1.6.4　考评人员与考生配比

考评员与考生配比为 1：15，且每个考场不少于 2 名考评员。

1.6.5　考评时间

各等级的考评时间均为 180 分钟。

1.6.6　考评场地与设备

计算机、BIM 软件及图形输出设备；采光、照明良好的房间。

2　基本知识要求

2.1　制图的基本知识

2.1.1　投影知识

正投影、轴测投影、透视投影。

2.1.2　制图知识

（1）技术制图的国家标准知识（图幅、比例、字体、图线、图样表达、尺寸标注等）；
（2）形体的二维表达方法（视图、剖视图、断面图和局部放大图等）；
（3）标注与注释；
（4）土木与建筑类专业图样的基本知识（例如：建筑施工图、结构施工图、建筑水暖电设备施工图等）。

2.2　计算机绘图的基本知识

（1）计算机绘图基本知识；
（2）有关计算机绘图的国家标准知识；
（3）模型绘制；
（4）模型编辑；
（5）模型显示控制；
（6）辅助建模工具和图层；
（7）标注、图案填充和注释；
（8）专业图样的绘制知识；
（9）项目文件管理与数据转换。

2.3　BIM 建模的基本知识

（1）BIM 基本概念和相关知识；

（2）基于 BIM 的土木与建筑工程软件基本操作技能；

（3）建筑、结构、设备各专业人员所具备的各专业 BIM 参数化建模与编辑方法；

（4）BIM 属性定义与编辑；

（5）BIM 实体及图档的智能关联与自动修改方法；

（6）设计图纸及 BIM 属性明细表创建方法；

（7）建筑场景渲染与漫游；

（8）应用基于 BIM 的相关专业软件，建筑专业人员能进行建筑性能分析；结构专业人员进行结构分析；设备类专业人员进行管线碰撞检测；施工专业人员进行施工过程模拟等 BIM 基本应用知识和方法；

（9）项目共享与协同设计知识与方法；

（10）项目文件管理与数据转换。

3 考评要求

3.1 BIM 技能一级（BIM 建模师）

表 1　BIM 建模师技能一级考评表

考评内容	技能要求	相关知识
工程绘图和 BIM 建模环境设置	系统设置、新建 BIM 文件及 BIM 建模环境设置	（1）制图国家标准的基本规定（图纸幅面、格式、比例、图线、字体、尺寸标注式样等）。 （2）BIM 建模软件的基本概念和基本操作（建模环境设置，项目设置、坐标系定义、标高及轴网绘制、命令与数据的输入等）。 （3）基准样板的选择。 （4）样板文件的创建（参数、构件、文档、视图、渲染场景、导入\导出以及打印设置等）
BIM 参数化建模	（1）BIM 的参数化建模方法及技能。 （2）BIM 实体编辑方法及技能	（1）BIM 参数化建模过程及基本方法： 　基本模型元素的定义； 　创建基本模型元素及其类型。 （2）BIM 参数化建模方法及操作： 　基本建筑形体； 　墙体、柱、门窗、屋顶、幕墙、地板、天花板、楼梯等基本建筑构件。 （3）BIM 实体编辑及操作： 　通用编辑：包括移动、拷贝、旋转、阵列、镜像、删除及分组等； 　草图编辑：用于修改建筑构件的草图，如屋顶轮廓、楼梯边界等； 　模型的构件编辑：包括修改构件基本参数、构件集及属性等

考评内容	技能要求	相关知识
BIM 属性定义与编辑	BIM 属性定义及编辑	（1）BIM 属性定义与编辑及操作。 （2）利用属性编辑器添加或修改模型实体的属性值和参数
创建图纸	（1）创建 BIM 属性表 （2）创建设计图纸	（1）创建 BIM 属性表及编辑：从模型属性中提取相关信息，以表格的形式进行显示，包括门窗、构件及材料统计表等。 （2）创建设计图纸及操作： 定义图纸边界、图框、标题栏、会签栏； 直接向图纸中添加属性表
模型文件管理	模型文件管理与数据转换技能	（1）模型文件管理及操作。 （2）模型文件导入导出。 （3）模型文件格式及格式转换

3.2 BIM 技能二级（BIM 高级建模师）

表 2　BIM 高级建模师（建筑设计专业）技能二级考评表

考评内容	技能要求	相关知识
工程绘图和 BIM 建模环境设置	系统设置、新建 BIM 文件及 BIM 建模环境设置	（1）制图国家标准的基本规定（图纸幅面、格式、比例、图线、字体、尺寸标注式样等）。 （2）BIM 建模软件的基本概念和基本操作（建模环境设置，项目设置、坐标系定义、楼层标高及轴网绘制、命令与数据的输入等）。 （3）基准样板的选择。 （4）样板文件的创建（参数、构件集、文档、视图、渲染场景、导入\导出以及打印设置等）
创建建筑构件集	建筑构件集的制作流程和技能	（1）参照设置（参照平面、定义原点）。 （2）形状生成（拉伸、融合、旋转、放样、放样融合、空心形状）。 （3）建筑构件集的创建。 （4）门、窗构件集的制作技能
建筑方案设计 BIM 建模	（1）建筑方案造型的参数化建模。 （2）BIM 属性定义及编辑	（1）建筑方案造型参数化建模：包括墙体、门窗、屋顶等建筑构件，构建建筑方案整体造型。 （2）方案设计，空间布置。 （3）利用 BIM 属性定义与编辑，进行建筑方案的经济技术指标分析

考评内容	技能要求	相关知识
建筑方案设计的表现	（1）光源应用方法。 （2）模型材质及纹理设置。 （3）建筑场景设置。 （4）建筑场景渲染。 （5）建筑场景漫游	（1）灯光设置及编辑。 （2）模型材质及纹理设置。 （3）建筑场景设置： 场景类别、灯光、背景、日光、阴影、剖面框、背面剔除以及视图剔除等； 室内外植物、交通工具、人物、家具等。 （4）建筑场景渲染属性设置及渲染操作。 （5）建筑场景漫游创建、编辑及录制。 （6）图像处理与输出
建筑施工图绘制	（1）基于 BIM 的建筑施工图绘制。 （2）BIM 实体及图档智能关联与自动修改方法。 （3）BIM 属性定义及编辑	（1）建筑标准层设计：包括墙体、柱、门窗、屋顶、幕墙、地板、天花板、楼梯以及坡道等建筑构件。 （2）建筑整体模型构建。 （3）平、立、剖面视图及详图处理。 （4）BIM 实体及图档智能关联与自动修改： BIM 实体之间智能关联：当某个构件发生变化时，与之相关的构件能够自动修改； BIM 与图档之间的智能关联：根据 BIM 可自动生成各种图形和文档，当模型发生变化时，与之关联的图形和文档可自动更新。 （5）利用 BIM 属性定义与编辑，生成建筑施工图的技术指标明细表
创建图纸	（1）创建 BIM 属性表。 （2）创建设计图纸	（1）创建 BIM 属性表及编辑：从模型属性中提取相关信息，以表格的形式进行显示，包括门窗、构件及材料统计表等。 （2）创建设计图纸及操作： 定义图纸边界、图框、标题栏、会签栏； 直接向图纸中添加属性表
模型文件管理	模型文件管理与数据转换技能	（1）模型文件管理及操作。 （2）模型文件导入导出。 （3）模型文件格式及格式转换

表 3　BIM 高级建模师（结构设计专业）技能二级考评表

考评内容	技能要求	相关知识
工程绘图和 BIM 建模环境设置	系统设置、新建 BIM 文件及 BIM 建模环境设置	（1）制图国家标准的基本规定（图纸幅面、格式、比例、图线、字体、尺寸标注式样等）。 （2）BIM 建模软件的基本概念和基本操作（建模环境设置，项目设置、坐标系定义、标高及轴网绘制、命令与数据的输入等）。 （3）基准样板的选择。 （4）样板文件的创建（各项参数、构件、文档、视图、渲染场景、导入\导出以及打印设置等）

考评内容	技能要求	相关知识
创建结构构件集	结构构件集的制作流程和技能	（1）参照设置（参照平面、定义原点）。 （2）形状生成（拉伸、融合、旋转、放样、放样融合、空心形状）。 （3）结构构件集的创建。 （4）梁、柱构件集的制作技能
结构体系 BIM 建模	（1）结构体系的参数化 BIM 建模。 （2）BIM 属性定义及编辑	（1）建筑结构构件 BIM 参数化建模：包括墙、板、柱、梁、楼梯、屋盖、基础等结构构件。 （2）建筑结构体系整体模型构建。 （3）利用 BIM 属性定义与编辑，生成结构体系的技术指标明细表
结构施工图绘制	（1）基于 BIM 的结构施工图绘制。 （2）BIM 实体及图档智能关联与自动修改方法。 （3）BIM 属性定义及编辑	（1）结构标准层设计：包括墙体、柱、门窗、屋顶、幕墙、地板、天花板、楼梯等结构构件绘制。 （2）结构整体模型构建。 （3）平、立、剖面视图及详图处理。 （4）BIM 实体及图档智能关联与自动修改。 （5）BIM 实体之间智能关联，当某个构件发生变化时，与之相关的构件能够自动修改。 （6）BIM 与图档之间的智能关联：根据 BIM 可自动生成各种图形和文档，当模型发生变化时，与之关联的图形和文档可自动更新。 （7）利用 BIM 属性定义与编辑，生成结构施工图的技术指标明细表
创建图纸	（1）创建 BIM 属性表。 （2）创建设计图纸	（1）创建 BIM 属性表及编辑：从模型属性中提取相关信息，以表格的形式进行显示，包括墙、柱等构件及材料统计表等。 （2）创建设计图纸及操作。 （3）定义图纸边界、图框、标题栏、会签栏。 （4）直接向图纸中添加属性表
模型文件管理	模型文件管理与数据转换技能	（1）模型文件管理及操作。 （2）模型文件导入导出。 （3）模型文件格式及格式转换

表 4　BIM 高级建模师（设备设计专业）技能二级考评表

考评内容	技能要求	相关知识
工程绘图和BIM建模环境设置	系统设置、新建BIM文件及BIM建模环境设置	（1）制图国家标准的基本规定（图纸幅面、格式、比例、图线、字体、尺寸标注式样等）。 （2）BIM建模软件的基本概念和基本操作（建模环境设置、项目设置、坐标系定义、标高及轴网绘制、命令与数据的输入等）。 （3）基准样板的选择。 （4）样板文件的创建（各项参数、构件、文档、视图、渲染场景、导入\导出以及打印设置等）
创建设备构件集	设备构件集的制作流程和技能	（1）参照设置（参照平面、定义原点）。 （2）形状生成（拉伸、融合、旋转、放样、放样融合、空心形状）。 （3）设备构件集的创建。 （4）管线集的制作技能
建筑设备及管线BIM建模	（1）建筑设备及管线的参数化BIM建模。 （2）BIM属性定义及编辑	（1）建筑设备及管线BIM参数化建模：包括给排水、暖通或电气配件及管线。 （2）建筑给排水、暖通或电气设备系统整体模型构建。 （3）利用BIM属性定义与编辑，生成设备及管线的技术指标明细表
建筑设备及管线施工图绘制	（1）基于BIM的建筑设备及管线施工图绘制。 （2）BIM实体及图档智能关联与自动修改方法。 （3）BIM属性定义及编辑	（1）标准层设备及管线设计：包括给排水、暖通或电气配件及管线绘制。 （2）设备及管线系统图绘制及模型构建。 （3）平面图、系统图的视图处理。 （4）BIM实体及图档智能关联与自动修改： 　BIM实体之间智能关联：当某个构件发生变化时，与之相关的构件能够自动修改； 　BIM与图档之间的智能关联：根据BIM可自动生成各种图形和文档，当模型发生变化时，与之关联的图形和文档可自动更新。 （5）利用BIM属性定义与编辑，生成设备施工图的技术指标明细表
创建图纸	（1）创建BIM属性表。 （2）创建设计图纸	（1）创建BIM属性表及编辑：从模型属性中提取相关信息，以表格的形式进行显示，包括设备配件及管线统计表等。 （2）创建设计图纸及操作： 　定义图纸边界、图框、标题栏、会签栏； 　直接向图纸中添加属性表
模型文件管理	模型文件管理与数据转换技能	（1）模型文件管理及操作。 （2）模型文件导入导出。 （3）模型文件格式及格式转换

3.3 BIM 技能三级（BIM 应用设计师）

表 5　BIM 应用设计师技能三级考评表

专　业	技　能要求	基本应用
建筑设计专业	（1）建筑 BIM 建模。 （2）体量分析方法。 （3）基于 BIM 的建筑性能分析方法	（1）建筑详图绘制及建模。 （2）体量提取与统计分析。 （3）导入 BIM 到相关建筑性能分析软件进行日照、通风、声学或能耗等性能分析
结构设计专业	（1）结构 BIM 建模。 （2）工程算量分析方法。 （3）基于 BIM 的建筑结构分析方法	（1）结构构件详图绘制及建模。 （2）工程算量提取与统计分析。 （3）导入 BIM 到相关结构分析软件进行结构分析
建筑设备设计专业	（1）设备及管线 BIM 建模。 （2）负荷计算及分析方法。 （3）基于 BIM 的设备管线碰撞检测和管线综合分析	（1）设备详图绘制及建模。 （2）负荷计算及分析。 （3）导入 BIM 到相关软件进行设备管线的碰撞检测和管线综合分析
建筑施工专业	（1）施工 BIM 建模：包括建筑结构以及施工机械、临时设施、材料堆放等施工设施。 （2）基于 BIM 的施工方案及过程模拟方法	（1）深化设计详图绘制及建模。 （2）导入施工 BIM 到相关施工模拟软件进行施工方案及过程模拟与优化调整
工程造价管理专业	（1）工程造价 BIM 建模：将结构构件模型与资源数据相关联。 （2）基于 BIM 的工程造价分析	（1）建立工程人、材、机资源数据库。 （2）将结构模型与资源数据相关联。 （3）导入工程造价 BIM 到相关工程造价软件计算 BIM 构件工程量，进行造价算量计价分析

4　考评内容比重表

表 6　BIM 技能一级考评内容比重表

考评内容	比重（%）
工程绘图和 BIM 建模环境设置	15
BIM 参数化建模	50
BIM 属性定义与编辑	15
创建图纸	15
模型文件管理	5

表 7 BIM 技能二级考评内容比重表

建筑设计专业		结构设计专业		设备设计专业	
考评内容	比重（%）	考评内容	比重（%）	考评内容	比重（%）
工程绘图和 BIM 建模环境设置	10	工程绘图和 BIM 建模环境设置	10	工程绘图和 BIM 建模环境设置	10
创建建筑构件集	15	创建结构构件集	15	创建设备构件集	15
建筑方案设计 BIM 建模和表现	30	结构体系 BIM 建模	30	建筑设备及管线 BIM 建模	30
建筑施工图绘制及建模	30	结构施工图绘制及建模	30	建筑设备及管线施工图绘制与建模	30
创建图纸	10	创建图纸	10	创建图纸	10
模型文件管理	5	模型文件管理	5	模型文件管理	5

表 8 BIM 技能三级考评内容比重表

建筑设计专业		结构设计专业		设备设计专业	
考评内容	比重（%）	考评内容	比重（%）	考评内容	比重（%）
建筑 BIM 建模；建筑详图绘制与建模	25	结构 BIM 建模；结构构件详图绘制与建模	25	设备 BIM 建模；设备及管线详图绘制与建模	25
体量分析方法	15	工程算量分析方法	15	负荷计算与分析	15
基于 BIM 的建筑性能分析方法	60	基于 BIM 的建筑结构分析方法	60	基于 BIM 的设备管线碰撞检测	60

建筑施工专业		工程造价管理专业			
考评内容	比重（%）	考评内容	考评内容		
施工 BIM 建模：包括建筑结构以及施工机械、临时设施、材料堆放等施工设施	25	工程造价 BIM 建模：将结构构件模型与资源数据相关联	25		
深化设计详图绘制与建模	15	建立工程人、材、机资源数据库	15		
基于 BIM 的施工方案及过程模拟与优化调整	60	基于 BIM 的工程造价分析	60		